董智轩◎著

这才是阿里巴巴

谁才是阿里巴巴最想要的人才

ZHECAISHIALIBABA

中国商业出版社

图书在版编目（CIP）数据

这才是阿里巴巴：谁才是阿里巴巴最想要的人才／董智轩著．—北京：中国商业出版社，2013.11

ISBN 978-7-5044-8275-4

Ⅰ．①这…　Ⅱ．①董…Ⅲ．①成功心理－通俗读物　Ⅳ．①B848.4-49

中国版本图书馆CIP数据核字（2013）第251570号

责任编辑：张振学

中国商业出版社出版发行

010-63180647　www.c-cbook.com

（100053 北京广安门内报国寺1号）

新华书店总店北京发行所经销

三河市龙大印装有限公司

*

710×1000毫米　16开　15印张　192千字

2014年6月第1版　2014年6月第1次印刷

定价：32.00元

* * * *

前言 PREFACE

“阿里巴巴”源自一个神话故事，马云的阿里巴巴也像故事中的阿里巴巴一样充满神秘色彩。纵观马云的成长历程，从爱打架屡受处分的学生，到屡次落榜又终入大学之门的骄子，再从教书匠到商界大侠，在这期间，无论是求学还是后来的事业，他都历经多次失败，而最终又成为一个受人尊敬的成功企业家……这一切都让人觉得不可思议。张朝阳、丁磊、陈天桥出身名校，可马云做学生时看不出他有怎样优秀，所读书的学校又是名不见经传。但是，就是这样一个人，却创建了一个中国乃至世界最大的电子商务网站，他是阿里巴巴把电子商务做成“水泥 + 鼠标”模式成功的最重要人物。

阿里巴巴的成功离不开马云，有人说，马云就是个“怪才”，那么在马云的手下，什么样的人才算是人才呢？

马云说：“判断一个人、一个公司是不是优秀，不是看他是不是哈佛，是不是斯坦福，也不是看里面有多少名牌大学毕业生，而是要看这帮人干活时是不是发疯一样地干，看他每天下班时是不是笑眯眯地回家。”

马云还说：“很多年轻人是晚上想想千条路，早上起来走原路。一个人的成功，关键不是看你是不是有出色的想法、理想、梦想，而是看你是不

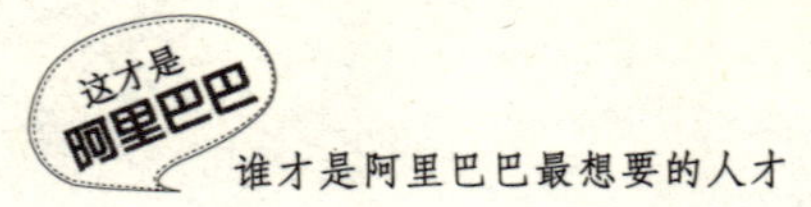

是愿意为此付出一切代价，全力以赴地去做它，证明它是对的。”

马云的成功给我们带来了这样的启发：什么是真正的人才？人才就是有战胜自己、战胜困难的决心和勇气，是有激情、奋斗的豪情、成功的信心、创新的精神！在阿里巴巴诞生、发展和壮大的过程中，马云的用人观充分说明了这点，同时也从一个侧面告诉世人：什么样的人才是阿里巴巴所需要的。

毋庸置疑，一个人要进入全世界最优秀的公司工作，前提是必定要具备一个伟大公司所必备的胸怀、眼光以及全球化视野，这样你才能在世界一流公司游刃有余地工作。假如你正在为寻找一份合适的工作而苦恼，假如你正在为徘徊在名企的大门外而沮丧，假如你正在为自己无法进入世界一流的公司而忧心不已，那么我们不妨看看阿里巴巴最需要什么样的人才，这样，你就可以了解什么才是世界一流公司所需要的人！本书从马云的成功经历和阿里巴巴的发展历程中总结了阿里巴巴最需要的十种人，为亿万中国有志青年提升自己提供最好的学习读本，让更多的人锻炼成为当下最需要的人才。

目录

第06章 注重合作的人
——马云同样离不开合作伙伴

第07章 奋力竞争的人
——阿里巴巴一直在竞争中壮大

第08章　直面挫折的人
——危机是阿里巴巴的好机会

第09章　能抓机遇的人
——机遇是电子商务成功的关键

第10章　客户至上的人
——阿里巴巴全方位为客户着想

附录：

第 01 章

敢打敢拼的人

——马云不可思议的传奇经历

阿里巴巴喜欢有拼搏精神的人，因为在经营阿里巴巴的过程中，马云说过这样一句话：“我能取得今天的地位，因为我相信一件事，那就是‘爱拼才会赢’。”从马云不可思议的传奇经历中也不难发现，马云的成功都是拼出来的结果。

马云原本不是“好孩子”

据说，马云小时候的故事就可以称得上是传奇。小时候的马云，是一个“侠气”味很重的人，他对朋友很讲义气，因此，在小时候打架无数。曾经在一次“战斗”中他身上缝过13针。因为打架，他受过学校好几次处分，也曾多次被迫转学。在家长、老师以及邻居的眼里，谁要说这个顽皮孩子的前途有希望，那么他们宁愿相信太阳从西边出来。

童年的马云虽然身材瘦小，却喜欢为朋友“两肋插刀”，经常帮别人打架，也打了无数次的架，却绝少为自己而战，用他自己的话说，“全是为了朋友，为了义气”。

那时，马云刚上小学三年级。少年马云坚定不移地实践着他在武侠小说中看到的“侠骨仁心”。到了四年级的时候，他在学校又帮人打架，这次伤得比较严重，骨头都露出来了，没有麻醉药，只好直接缝针。医生担心，这么小的孩子能受得了吗？但是，倔强的马云没有被吓倒，冲医生坚定地点了点头。这一缝就是13针，疼得马云差点把牙咬碎了，但他没掉一滴眼泪，活脱脱的就是一个小“铁人”。

由于经常为同学出头，马云的勇敢逐渐赢得同学们的好感。到了期末班里评三好学生时，他本以为以自己的“好人缘”和“英雄气概”评个“三好”绝对是十拿九稳的。然而事与愿违，他连候选资格都被无情剥夺了：全班竟没一人提名他。此时的马云倍感失落，往常的自信与“英雄气概”在那一瞬间立刻荡然无存。就在此时，有一个来自西安的女孩子站起来喊了一句：

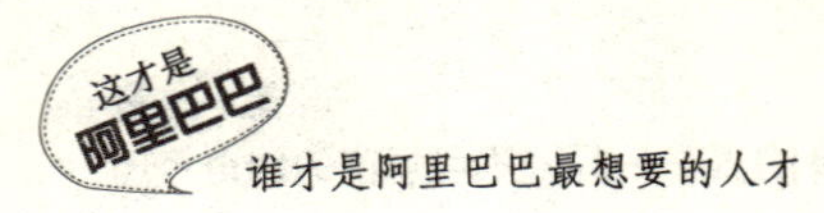

“我选马云！”这突如其来的声音让少年马云顿时“受宠若惊”，以至于能不能评上三好学生，他已经不在意了。直到今天，马云仍记得那个西安女孩的名字。

马云上学时的成绩从来就没好过，从小学读到高中，他的成绩从来没有跻身前列。

13岁那年，马云还在读初中时，他的班里来了位教地理的女老师，课讲得非常好，马云也喜欢上她的课。有一天，这位女老师在课堂上讲了自己的一件小事。有一次，她在西湖边上欣赏风景，旁边来了几个外国游客向她问路以及咨询杭州的旅游景点。了解杭州地理的她，用一口流利的英语与外国朋友对答如流，让外国朋友非常高兴，连声称赞她。最后，这位老师总结道：“同学们，你们一定要学好地理，不然人家问咱们的时候，如果答不上来，多给中国人丢脸哪！”老师的这句话，让少年马云产生了遐想：学不好地理就会给中国人丢脸，可如果光学好地理却不会说英语，那不也是没用吗？此时一股暖流涌上他的心头，他决定发愤图强，苦学英语，并确定了自己的伟大目标——苦练英语，成为“杭州英语第一人”。

从此，那个不爱学习爱打架的少年不见了。替代的是一个整天忙碌的孩子。马云每天坚持听英语广播，那位地理老师常去的西湖边，也成了马云最爱去的地方，成了他学习英语的“宝地”。每当遇到来自世界各地的外国游客，马云就主动凑上去和人家练几句，还经常免费给老外充当导游，骑着自行车带着他们围着杭州城满大街跑……

马云的优点是初生牛犊不怕虎，敢说敢做，也不怕出丑、遭人白眼，他的心里只有一个念头：学好英语，比什么都重要！日复一日，年复一年，孜孜不倦坚持终于换来了丰硕的成果，首先是他这个昔日的“差生”成了老师和同学们公认的英语奇才。其次是由于经常给外国游客做导游，在小小年纪就打下了广泛的人脉基础。最后是外国人的世界观、人生观给他以极大的冲击。据马云后来回忆，“在和这些外国人互动的过程中，我发现外国人的想法和我受到的教育有很大不同，让我了解到外面还有另一个完全不同的世界。”

马云艰难的大学路

初升高时，马云连考2次都名落孙山，最大的原因就是数学太差。马云自嘲说：“这其中的原因，也许与脑袋太小有些关系。”“我大愚若智，其实很笨，脑子这么小，只能一个一个地想问题，你连提3个问题，我就消化不了。”

18岁那年，马云第一次参加高考，在报考志愿表上填了让自己无比自豪的四个大字：北京大学。结果，那一年他的数学只考了1分。落榜后的马云觉得自己根本不是上大学的料，也没那个好命。

马云是个闲不住的人，考完试后，他准备找个零活赚点钱。他和表弟去西湖边一家宾馆应聘，想做个端盘子、洗碗的服务生。结果，表弟被顺利录用了，他却被拒绝了。理由很简单：个儿矮、又瘦、长相难看。无奈之下，马云只好去寻找那些不要求长相好看只要求有力气就行的活儿干。通过父亲的关系，他找了家杂志社，为他们打零工。

在那些辛苦的日子里，马云显得很迷惘：自己的未来是什么样的？能成为什么样的人呢？要这样浑浑噩噩地过一辈子吗？有一天，在给一家文化单位运书时，他捡到了一本书——陕西作家路遥写的《人生》。闲暇时，马云随手翻阅此书，很快就被这部作品吸引住了，并明白了一个深刻的人

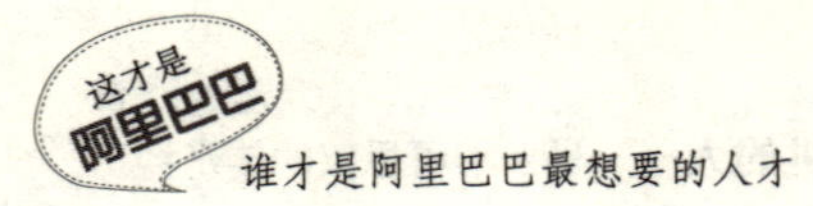

生哲理：人生之路，不仅是漫长的，更是充满坎坷、曲折的，若要有所成就，必将经历一番磨炼。正如孟子所说的，“故天将降大任于斯人也，必先苦其心志，劳其筋骨，饿其体肤”。20多年以后，马云回首往事时感慨道：今天很残酷，明天更残酷，后天很美好。

经过一番思考之后，马云下定决心：再战高考！于是，在他19岁那年，信心十足的马云终于再次走进高考的考场。那一次，他的数学考了19分。但是他并没有气馁，一边打工，一边复习。20岁那年，马云准备参加第三次高考。考数学的那天早上，马云一直在背几个基本的数学公式。考试时，马云就用这几个公式一个一个套。那一次，他的数学考了79分（那时，数学一科满分是120分）。

高考成绩出来后，马云知道，自己即将跨入大学校门了。不过，若以总分计算，他的成绩只能上专科。就在马云准备进杭州师范学院读专科时，令人惊喜的事发生了。由于杭州师范学院的英语专业刚刚升级到本科不久，当年的本科专业居然出现了报考人数少于计划招生人数的情况。于是，为了完成计划，外语系的领导们破例作出了让部分成绩优秀的专科生“直升”本科的特殊政策。就这样，在专科生里英语成绩最好的马云，幸运地被调配到了本科专业。

就这样，马云跨进了大学的校门。入学后不久，马云就参加了学生会，之后他当选为杭州师范学院的学生会主席，再过不久他又登上了杭州市学联主席的位置。

大学4年里，最让马云欣慰的是，他找到了可以与自己相守一生的人，也就是他日后的同事、创业伙伴兼人生伴侣——张瑛。

张瑛是浙江人，与马云是同学。他们在大学一年级时认识，由相识、相知到相爱，两人共同走过了相濡以沫的日子。多年以来，张瑛一直默默地在背后支持、鼓励着马云，并最终与他相依相伴，成了马云忠实的人生伴侣和得力的事业伙伴。毕业之后，他们很快就领了结婚证。张瑛在后来曾这样回忆道，“马云不是个帅男人，我看中的是他能做很多帅男人做不了的事情：组建杭州第一个英语角、为外国游客担任导游赚外汇、四处接课做兼职，同时还能成为杭州十大杰出青年教师。”

几年以后，马云回到母校演讲。此时的他，不仅是中国家喻户晓的知名企业家，还是母校的特聘教授。马云动情地说：“很多人认为工作就是为了赚钱，可是我创建阿里巴巴却不仅仅是为了赚钱，而是为了让自己以后有更多的经验教给学生。在大学教书的过程中我得到了很多东西，我爱教书。但是我想到中国经济的高速发展，在20年以后，我马云是否还能继续站在讲台上教书？因为大学生学习的不光是书本的知识，还有社会实践。不论我事业成功与否，将来我再回到讲台的时候，至少我会比大学里其他老师多了一些经验。”

不安分的优秀教书匠

1988年，24岁的马云以优秀毕业生的身份从杭州师范学院外语系顺利毕业。大学四年的潜心“修炼”，早已经让这个昔日的懵懂少年发生了脱胎换骨的变化，他现在是一个品学兼优、德才兼备的好学生。不过，刚毕业的马云要面对一个严峻的问题：毕业之后，将何去何从？

1988年，改革开放已经是第十个年头。但是，旧体制向新体制转轨的步子迈得并不快。在那个年代，大学生是包分配的。根据后来的统计资料表明，1988年从杭州师范学院毕业的500多名本科生，几乎清一色地被分配到各自家乡所在的中学去任教。

就在马云不知道自己将被分到哪所学校的时候，又一个意外惊喜降临到他的头上：经领导研究决定，拟分配马云同学到杭州电子工业学院任教。这是一个足以让他的所有同学都羡慕的消息，即使对他自己来说，这幸福也来得太突然了。

院长亲自找到马云，面色凝重地对他说："为了你的分配，我们费了很大的心思。现在不少年轻人热衷于'下海'经商，我们不希望你也这样。你要记住，你头上是我们杭州师范学院的牌子，至少5年之内你不能让它倒下！"

马云任教的高校叫电子工业学院（现在已经更名为杭州电子科技大学）。在当时，这所以理工科为主要特色的大学，在商务、贸易、外语等学科上师资贫乏。而这正是马云的特长，尤其是英语，当时是"杭州英语最好的一个"。于是，马云就成为杭州电子工业学院的英语及国际贸易专业教师。后来马云又去杭州的一些夜校做兼职讲师，并且结识了一大批做外贸生意的老板，为日后事业打下了深厚的人脉基础。

在电子工业学院任教了6年半，马云送走了一届又一届的学生。他的天赋在这时已经发挥得淋漓尽致，他不喜欢搞一言堂式的死板教学，而是让学生都能跟着一起互动起来，在一片欢歌笑语中学到知识，更增长见识。即使是给非外语专业的学生上课，马云也尽量采用全英文式的教学方式，一开始学生们还有很多抱怨，渐渐地他们就开始迷恋这种耳目一新的方式了。

马云后来的伙伴、"十八罗汉"之一的韩敏，就曾回忆道："当时马老师讲课从来不按书本，而是海阔天空地跟大家侃一些海外奇闻。而且当时同学们在大一时就开始报考英语四级，完全就是为了马老师而考的，因为大家觉得考不过就没脸见他了……"

时至今日，在国内互联网圈内，马云的能言善辩是出了名的，他可以很轻松地在欧美向海外用户作精彩演讲，水平丝毫不差于国内演讲。而据马云自己的解释："这两下子主要是当年教书的时候练出来的，现在上台从来不备草稿，一开口收都收不住。"

在此期间，马云最大的收获，莫过于结交了一群日后可以同甘共苦、风雨同舟的好友。现任阿里巴巴副总裁的彭蕾，昔日的学生周悦红、韩敏、戴珊、蒋芳等人，因为对这位马老师的钦佩、崇拜，跟着他一起闯荡商界了。在后来的阿里巴巴的元老"十八罗汉"核心成员中，竟然有一大半是马云的学生。

多年以后，马云站在中央电视台的演播大厅里，无比自豪地说：天下没人能挖走我的团队！敢出如此狂言，是有足够的底气的。

任教期间，凭借出色的英语水平和社会活动能力，马云很快成为一名优秀的青年教师。然而，他的骨子里似乎从来就不是一个"安分"的人。

首先，马云发起了西湖边上第一个英语角，他自己还经常带领学生到那里"论战"。其次，马云做起了翻译工作。当时的杭州乃至整个国内，都欠缺英语人才，尤其是既懂语言又懂文化、贸易等知识的全能型人才，而马云集两点于一身，自然成了最抢手的"香馍馍"。很多企业的老板经常特邀马云做他们的翻译。

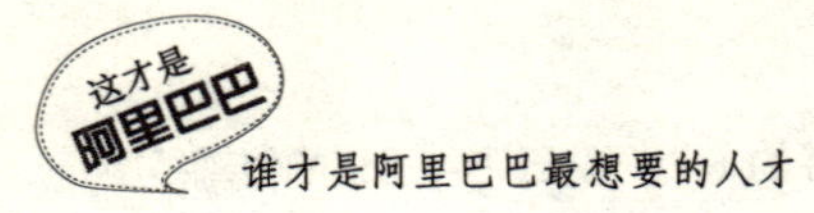

中国黄页，马云梦开始的地方

马云一直梦想着创办中国第一家网络公司。但是他的身份还是杭州电子工业学院的英语教师，他一直在犹豫该不该辞职。因为大学英语教师这份工作毕竟是个铁饭碗，万一失败，还可以有份稳定的工作做保障，把风险控制在可控范围之内。

有一天快下班的时候，马云在校园里遇到了英语系的系主任。当时系主任骑着一辆自行车，车把上挂着两把刚从菜市场买回来的菜。系主任叫住马云，语重心长地对他说英语教师是份很有前途的工作，干吗要辞职去从事其他工作？

马云看到系主任的样子，看到他自行车上挂着的那两把菜，突然明白过来：如果我继续在学校待下去，那么他的现在就是我的“前途”了。于是，马云迅速地做了决定。

回到杭州的当晚，马云就迫不及待地干了一件“大事”，他宴请平时交情最深的24个朋友到他家里“开会”。这24位朋友，都是马云4年来在夜校教书时结识的外贸人士，马云想听听这些做外贸的人对Internet的商务需求。

马云对他们说：“我要辞职，干Internet。”马云开始宣讲Internet。马云讲了整整2个小时。马云讲得糊涂，大家听得同样糊涂。

马云讲完，朋友们问了5个问题，马云都没答上来。23位朋友反对马云干Internet，“你开酒吧，开饭店，办个夜校，都行。就是干这个不行。”

只有一个人说："你要是真的想做的话，你倒是可以试试看。"

马云没听他们的，第二天一早，就拿出六七千元，向妹妹、妹夫借了1万多元，凑足2万元。然后，马云给杭州电子工学院计算机教师何一兵打了电话："你听说过Internet吗？我们一起干Internet吧。"

1995年4月，中国第一家互联网商业公司杭州海博电脑服务有限公司成立。3名员工是马云、马云的夫人张瑛和何一兵。此时离中国电信的互联网开通还有4个月。

1995年5月9日，中国黄页上线，马云开始从身边的朋友做生意。他的生意经是，先向朋友描述Internet怎么怎么好，然后，向他们要资料，通过EMS寄到美国，美国的合作伙伴将homepage做好，打印出来，再快递寄回杭州。马云将网页的打印稿拿给朋友看，并告诉朋友在Internet能看到。此时，离中国能上Internet还有3个月。

由于不能实际地看到，朋友怀疑马云在编故事。马云说："你可以给法国的朋友打电话，给德国的朋友打电话，或者给美国的朋友打电话，电话费我出。如果他说没有，那就算了；如果他说有，证明是有了，你要付我们一点点钱。"中国黄页当时的收费标准是，一个homepage3000字外加一张照片，收费2万元，其中1.2万元给美国公司。

1995年，互联网上的中国网站太少，所以，中国黄页的效果很好。望湖宾馆是当时网上能看到的唯一的中国宾馆，时逢世界妇女代表大会，许多世界妇女代表到杭州后，专程过去看望湖宾馆。钱江律师事务所上线之后，留的是家里电话，于是总有业务咨询电话在半夜三更打过来。

经历了风风雨雨，马云的中国黄页越做越好，越做越厉害，到1995年8月，中国电信开始在上海做了，马云也马上紧跟着做。马云说，当时他们的注册号是第七号。那时候拨号用长途，他一点儿都不懂用PPT，要写下一大堆的东西。

从此，马云挺直了腰，也开始有了收入。他们在全国27个城市一个一个地开拓业务，在所有没有互联网的城市，他们都被视为骗子。但马云仍然像疯子一样不屈不挠，他天天都先这样提醒自己："互联网是影响人类未来生活30年的3000米长跑，你必须跑得像兔子一样快，又要像乌龟一样耐跑。"然后出门跟人侃互联网，说服客户，说服记者。业务就这样艰难地开展了起来。

在成功地发布了无锡小天鹅、北京国安足球俱乐部等中国第一批互联网主页后，中国黄页开始在圈子里小有名气了。就在1997年年底，网站的营业额竟不可思议地做到了700万元！追溯起来，阿里巴巴网站的雏形应该就是中国黄页网站。

马云的成功，得益于他那个极其出色的团队。当初，在那个房间里，后来被称为"十八罗汉"的创始人并未聚齐。当时，戴珊正在老家海南过春节，孙彤宇、彭蕾也身在重庆。

1996年年初，杭州一场招聘会现场，一个学生走到一个人数不多的公司面前，想咨询一下情况。这家公司叫中国黄页，负责面试工作的，是它的技术总监何一兵。这个学生又是谁呢，他就是阿里巴巴大名鼎鼎的李琪。那年，李琪刚从中山大学计算机系毕业，回到家乡杭州探亲，无意中看见这场招聘会。这次是中国黄页第一次大规模招新人，几天之后，李琪就到中国黄页去上班了。

后来，马云去美国出差（当时中国黄页的服务器在美国），把李琪也带上了。在那里，他们一起参观了中国黄页租用了1年多的服务器，并到硅谷考察，参观了当时蒸蒸日上的网景、雅虎等公司，接触到许多国内没有的新东西、新技术。

回国后，李琪立即着手建设中国黄页自己的网站和服务器，并很快做出了中国黄页自成立以来自主开发的第一个页面。马云说："那时候第一个网页做得丑死了，但我们很高兴，因为我们毕竟能够自己做网页了。过了一段时间之后，我就跟合作伙伴断绝了关系。”

另一个要提到的重要人物，叫孙彤宇。

孙彤宇当时在杭州一家小广告公司上班。有一天在报纸上他发现了一篇报道——《中国黄页闯世界》，广告人的敏锐直觉告诉他，“这有可能是个大客户。”放下报纸，孙彤宇立马去拜访中国黄页，想“搞定这个大客户”，为其做广告宣传。

孙彤宇敲开中国黄页的大门以后，就开始跟副总何一兵谈，而马云则坐在他们的对面听。孙彤宇的热情与敬业深深吸引了马云。几天之后，孙彤宇就接到了马云的电话：“小孙，我觉得你是个很有潜力的人才，来中国黄页发展怎么样？”

1996年的4月份，孙彤宇加盟了中国黄页。孙彤宇加入中国黄页后，充分展示了其在策划、宣传和业务推广上的天分，为中国黄页后来的市场开拓立下了汗马功劳。不仅如此，他还极力鼓动自己的女友彭蕾也加入中国黄页。这样，彭蕾成为马云手下一员叱咤风云的得力“女将”。

后来，陆续加入中国黄页的还有马云的学生蒋芳（1996年5月进入中国黄页）、后来被蒋芳冠以绰号“吴妈”的网络高手吴泳铭（1996年年底进入中国黄页）、韩敏（1997年进入中国黄页），以及后来历任阿里巴巴销售总监、资深总监的谢世煌。

从杭州城开始，马云就吸引了这些后来跟随其先后北上、南下的亲密伙伴，而日后常被人们提起的阿里巴巴“十八罗汉”，也是从中国黄页时代开始陆续发展起来的。

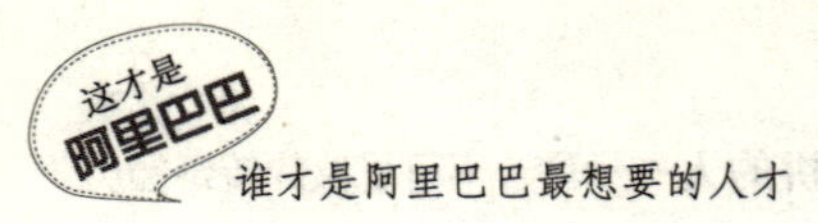

北上，加盟外经贸部

1996年，互联网开始成为各大媒体的热点，成为新经济最有力的代表。马云的中国黄页在一夜之间冒出来了许多“敌人”，这当中还包括亚信。亚信差点成了中国黄页的死敌，幸好亚信觉得做这块不但与中国黄页比没有优势，就是与杭州电信比也说不清鹿死谁手，于是就退出了。

与马云竞争最激烈的是杭州电信。这是一场实力悬殊的战争，杭州电信注册资本3亿多元，马云注册资本仅2万元；这也是一场你死我活的战争，杭州就这么大一个庙，容不下两个和尚，正所谓“一山不容二虎”。杭州电信有着非常好的社会资源和政府资源，马云却一样都没有。不仅企业，就是老百姓，也觉得马云是非正规军、游击队，顶多也就算得上是“土八路”，没有人肯相信他们。除此之外，杭州电信利用中国黄页（chinapage.com）已有的名声，做了一个名字很近的网站 chinesepage.com，也叫“中国黄页”，颇有大军压境之势。

联想到自己势单力薄，并且也为了使中国黄页继续活下去，马云决定同杭州电信合作。1996年3月，中国黄页将资产折合成60万元人民币，占30%的股份；杭州电信投入资金140万元人民币，占70%的股份。

马云与杭州电信的合作是不得已而为之的选择，不久双方合作就出了问题。马云认为，做互联网公司犹如养孩子，要慢慢地培养，等它有能力赚钱时再放手大干。但是，杭州电信一门心思地想立刻大赚一笔。

这样，双方争论不休，分歧日深，资本和权势高的一方自然有更多的话语权，大家开始情绪激动地处事，先是何一兵要辞职，然后中国黄页的全体员工要辞职，最后马云也要辞职了。整个事件甚至惊动了《人民日报》。为了中国黄页的前途，各方面都想让马云回去，但马云心里委屈，觉得自己真不容易，打南打北打到头没自己的地儿了！马云不得不和杭州电信分道扬镳，放弃了自己的中国黄页，开始下定决心执意要走。

马云离开中国黄页时，一屋子坐满了跟马云一起做事的哥们儿，有人抱怨，不甘心辛辛苦苦2年就这么完了；有人觉得待在失去了马云的中国黄页没劲，哭着闹着要跟马云一起走。马云也觉得委屈，也觉得不甘心，但最后，他还是硬起心肠说："不行，中国黄页还得活下去，你们走了中国黄页怎么办？"

一向不在乎金钱的马云把当时所拥有的中国黄页21%的股份，全数送给了一起做事的员工，只为让他们能为自己好好耕耘，好好收获。

1997年，带着并不一帆风顺的经历，内心无比悲愤的马云离开了重组后的中国黄页。这是马云职业生涯中的第一次失败。

马云遭遇了人生中第一次重大挫折，但他从不因失败而掉泪，他承受的各种白眼和闭门羹难以计数。"这些事太多太多。每次打击，只要你扛过来了，就会变得更加坚强。我又想，通常期望越高，结果失望越大，所以我总是想明天肯定会倒霉，一定会有更倒霉的事情发生；那么明天真的有打击来了，我就不会害怕了。你除了重重地打击我，又能怎样？来吧，我都扛得住。抗打击能力强了，真正的信心也就有了。""所以我现在最欣赏两句话，一句是丘吉尔先生对遭受重创的英国公众讲的话：Never never never give up（永不放弃！）另一句就是，'满怀信心地上路，远胜过到达目的地'。"

马云从摔倒之处爬起来，舔干血迹重新上路了。1997年，当马云离开中国黄页时，外经贸部对马云说："到北京来吧，来这儿你能干得更好！"

那么，马云来北京加盟外经贸部究竟要做什么呢？这里，不得不提到外经贸部中国国际电子商务中心的历史。1996 年 2 月，中国国际电子商务中心正式成立，英文简称为 CIECC。尽管早在 1996 年 2 月便成立，但 CIECC 的正式运营，却要等到近 1 年之后 1997 年 1 月。

当时，外经贸部要做的是一个大内网加上一个官方政府网站（MOFTEC 网站）。对于大内网的架构，领导们的设想是这样的：在全国范围内铺设光纤，在外经贸部下属的各个分支机构分别设立接口网点，所有的网点互联起来就构成了一个大内网。在这个大内网上，外经贸部及其下属机构可以为企业办理所有与外贸相关的审批手续；同时，也可以通过这个大内网向外贸企业发布相关的外贸政策法规。整个大内网项目的开发则由外经贸部下属的中国国际电子商务中心来负责。而且，这也是一个联合国提供资金支持的项目。

有政府的支持，铺设光纤等基础网络架设工作并不复杂，而外经贸部高层最关心是：找到优秀的，最合适的人才来经营这个项目。那么，什么样的人才是最合适的呢？起步阶段的中国互联网，最缺乏的是懂得经营，懂得把互联网当做生意来做的人才。于是，在杭州因为经营中国黄页而名气大震的马云，成了外经贸部领导眼中理想的人选。

1997 年 12 月，马云再次率队踏上了北去的列车。这一次，随同他一起北上的有 7 个人：张瑛、孙彤宇、吴泳铭、盛一飞、麻长炜、楼文胜、谢世煌。当然，这些只是先遣部队的成员。再过不久，还会有另外一批人陆续加盟，他们是彭蕾、韩敏、蒋芳、戴珊和周悦红。此次北上的 13 个人（包括马云在内）中，有两对夫妻，一对是马云和张瑛，另一对便是孙彤宇和彭蕾。

作为马云的夫人，张瑛跟随夫君北上自然是义不容辞的，跟着马云一路折腾来、折腾去，她是没少吃苦，尽管她自己并不觉得苦。至于彭蕾，就在几个月之前，单位刚刚开始分房子，为了追随马云（当然也包括丈夫孙彤宇），她毅然放弃了这大好机会，踏上了北去的征程。

为了能挖到马云，外经贸部提供了优厚的条件，给中国国际电子商务中心提供200万元的启动资金，并承诺给马云团队30%的股份。马云团队主要负责开发外经贸部官方网站（大内网），也是当初马云受邀的主要任务。对于大内网的设想，马云一开始并不同意，但最终还是屈从于官方的意志，硬着头皮做起来了。

马云手下的12个人，个个身怀绝技，有几个人还是在网络江湖摔打了好几年的。因此，做网站开发对他们来说已是轻车熟路，何况这帮人在中国黄页时就积累了丰富的开发经验。在大家“一不怕苦，二不怕累”的劲头下，网站是做好了，做得很快，也很成功。但是，到了运营的环节，问题又出来了：政府的红头文件下去了，业务却非常冷清。

冷清的原因是，外经贸部的这个大内网实际上有些像今天的“电子政务”系统，它的功能也很简单：外经贸部及其下属机构可以为企业办理所有与外贸相关的审批手续；同时，也可以通过这个大内网向外贸企业发布相关的外贸政策法规。

尽管EDI（将商业或行政事务处理按照一个公认的标准，形成结构化的事务处理或报文数据格式，从计算机到计算机的电子传输方法）做的大内网工程也是一个联合国提供资金支持的项目，但它的商业运营模式是行不通的。

面对困局，马云开始不断游说EDI高层扩大内网，改建互联网。1998年7月，经外经贸部高层批准，EDI成立了合资的国富通信息发展有限公司，办公地点在崇文门的新世界饭店，总经理由马云出任，并拥有合资公司的

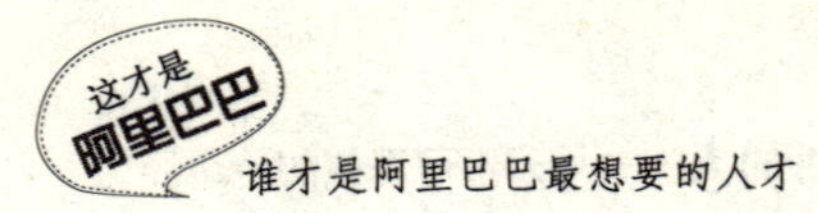

一定股份。即便如此，马云每月还是只拿固定工资。国富通成立以后，马云就带领团队开发一个叫做“网上中国商品交易市场”的项目，这是一个真正的互联网项目,也是马云真心想做的。于是,马云又带领团队转移阵地。

无论是从架构还是从实际的经营运作来看，网上中国商品交易市场都算是当时中国电子商务领域非常成功的一个项目。尽管网上中国商品交易市场也是收费的业务，但收费的办法已经不像做大内网时那么老土（用政府的红头文件推广）了，而是采用更市场化的方法。

外经贸部在全国各地都有代表处，各个代表处把当地中小企业信息放在网上。因为中国商品交易市场是在互联网的开放环境下运行的，因而中小企业上网很踊跃，网站很快就盈利了。有了部长的大力支持和地方部门的强力推广，网上中国商品交易市场的发展十分迅速。而且，国富通和中国商品交易市场网站，都是在创建的当年就实现盈利的项目，纯利高达287万元。

此后，马云和他的团队又成功地推出了网上中国商品交易市场、网上中国技术出口交易会、中国招商、网上广交会和中国外经贸等一系列站点。另外，在中国政府站点中，外经贸部的网站不仅是国内部委中最早的一个，也是最优秀的政府站点之一,而且在1999年就被评为中国“政府上网工程”的推荐优秀站点。

最让马云感到自豪的是，他们做的网上中国商品交易市场，是中国政府首次组织的互联网上的大型电子商务实践。就在国富通成立的1998年7月，时任外经贸部部长的石广生在CIECC创建的我国第一个在线商品采购基地——“中国商品交易市场”的开幕式上指出，建立网上中国商品交易市场是中国对外经济贸易方式的一大飞跃。他同时宣布：网上中国商品交易市场是“永不落幕的交易会”。

南归，马云再回杭州

尽管公司经营得轰轰烈烈，但敏锐的马云就有一种强烈的预感：这里不是我们的公司，只是政府的部门。而他的预感完全正确，无论是EDI还是国富通，都不是供他自由驰骋的平台。最初，在做外经贸部的官方网站时，EDI方面提出要建大内网。从这个方案一提出，马云就表示强烈反对，要求做互联网。就因为坚持把大内网扩展到互联网的想法，马云还和EDI的几个部门领导发生了一些争执。

争执的过程中，马云渐渐地明白了领导们的意思：请你是来给政府做事的，不是来当领导的，决策的问题是你一个编外人员说了就算的吗？

事实也是如此。尽管马云出任中心信息部经理，也算是EDI的中层领导，但他仅仅是个社会编外人员，在一些涉及利益的重大决定上，他不可能有太大的发言权，更没有一拍脑袋便“一口定乾坤”的决策权。

从双方在这个项目的分歧上不难看出，双方的冲突不是个体的小矛盾，而是一种文化的大撞击：马云想要实现的是互联网平台的核心价值——开放、共享，而机关的领导们则更希望凭借其强势的行政资源实现两个目标——垄断、控制；上升到企业文化的角度上说，马云想要的是自由，而政府机关里只有服从。

随着时间的推移，无论是在处理问题的方式，还是思考问题的角度上，马云都觉得他与那些政府官员们“缺少共同语言”。当然，也许领导们要的就是这种结果，就是要保持国家干部与这群编外人员之间的距离。如果仅

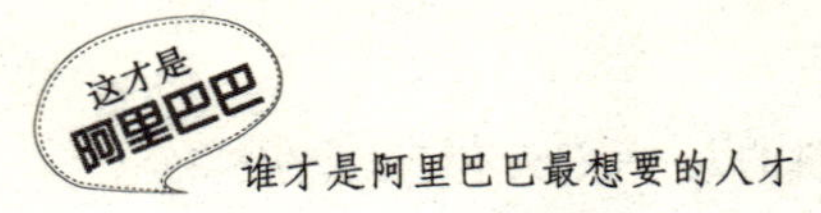

仅是自己感到“不爽”倒也能忍，问题在于，他为那些和自己一起北上的伙伴们感到不平。

比如，刚刚带队挥师北上时，EDI 方面曾承诺给他们的团队 30% 的股份，而成绩做出来之后（比如网上中国商品交易市场和国富通给外经贸部创造的巨大盈利），当初承诺的这些股份在体制内根本无法真正得以落实。在很多场合，马云都提到了当时的“委屈”（其实更多是为伙伴们感到不平）：“我们那时候就拿几千元一个月的工资，其他什么也没有。”

另外，除了开发外经贸部官方站点、网上中国商品交易市场两个大项目之外，在马云的带领下，他们的团队又先后做了网上中国技术出口交易会、中国招商、网上广交会和中国外经贸等一系列网站。平心而论，即使以今天的水准来衡量，马云团队干的这些活儿都很漂亮，很出色。尤其是网上中国商品交易市场，作为中国政府首次组织的互联网上的大型电子商务实践，其第一年就实现了净利润 287 万元。但是，这些功劳与成就，绝不会记在马云团队的名下，因为他们都是无名小卒。

当初创建中国黄页的时候，尽管最终跟杭州电信弄得不欢而散，但是，在 1996 年之后的杭州城里，从普通百姓到政府高官，很少有人不晓得马云和中国黄页，马云团队也是当仁不让的互联网开创者。如今，在偌大的北京城里，谁认识马云？在大大小小的会议上，又有多少人会把马云放在眼里？即便在各个办事部门里，又有多少人把这群杭州来的十几人当一回事呢？

所有的委屈、痛苦与无奈，全在这一刻如暴雨般倾泻而出，忍辱负重的马云，已经压抑得太久太久了……

一个寒风凌厉的冬夜，北京外经贸部东郊潘家园。一贯有着顽童般纯真笑脸的马云召集了团队成员，说有事要宣布。在所有人都到齐了以后，马云一脸严肃地看着大家，以平时极为罕见的平和语调说了一句话："我近来身体不太好，打算回杭州了。"话音一落，刚才还在叽叽喳喳的人们，同时张大了嘴巴、瞪大了眼睛，有如见到外星人一般，直勾勾地凝视着他。所有的人都屏住了呼吸，听马云把话讲完。

马云继续说道："现在，你们面临几个选择。第一，你们可以留在部里继续干，安心待在机关做事，外经贸部名头响，也有宿舍，在北京的收入也非常不错；第二，在互联网混了这么多年，你们都算是有经验的人了，也可以到雅虎（当时的雅虎中国公司已经成立），那是一家特别有钱的公司，工资也很高，每月几万块都有，我推荐，一定会录用你们的；第三，你们也可以去刚刚成立的新浪、搜狐，也是我推荐。大家仔细考虑一下。"

说完这些以后，马云不语了。下面听的人都是大眼瞪小眼，面面相觑，一脸茫然。过了一会儿，孙彤宇问道："我们在北京干得好好的，而且是为政府部门做事，干吗要再回去过那种苦不堪言的日子呢？"

马云理解大家的心情，也清楚他们的想法，所以，他也给大家留了一条"弃明投暗"之路："当然，你们要是愿意跟我回家二次创业，也可以，但会很苦，非常辛苦。第一，你们每月将只有500元的工资；第二，未来公司的办公地点就在我家那150平方米里，而你们自己要租房子住，而且不能离我家太远，必须在离我家步行5分钟以内的范围内，不能打的上班；第三，至于将来具体要做什么，我自己还不知道，我只知道我要做一个全世界最大的商人网站。到底是跟我一起回去还是留在北京，你们自己一定要想清楚了再做决定，我给你们3天的时间考虑。"

5分钟后，所有的人都做出了一致决定：一起回杭州，重新开始！那一刻，一向坚强的马云流泪了，他感到一股暖流在身上涌动。也就是那一刻，马云对自己说：朋友没有对不起我，我也永远不能做对不起朋友的事情！我们回去，从头开始，从零开始，建一个我们这一辈子都不会后悔的公司。

在离开北京前的最后一个晚上，马云和这十几个年轻人聚在北京的一个小酒馆。那天晚上下着很大的雪，众人大碗喝酒，大块吃肉，一起抱头痛哭，最后唱起了《真心英雄》，唱完《真心英雄》就唱老歌，一首接一首，这群走南闯北的汉子们都回避着“离别”这个对他们来说太过沉重的词语。许多人都不记得那天晚上马云到底说了些什么，也不知道第二天开始将要面对怎样的生活，但是那个晚上，酒是热的，心是热的，歌是热的。大家就记得唱了一个晚上的《真心英雄》。许多年以后，这首歌伴随着阿里人度过了许多危难的时期，比如第一次互联网低潮，比如“非典”。只要阿里人一听到这首歌，每个人的心头都会掠过一幕幕的镜头，那首歌也许代表了阿里巴巴的一种精神。无论是谁，只要是阿里人，在最困难的时候只要一听到这首歌，心中就会立刻充满感动、充满希望。这是 1999 年，这是马云遭逢人生的第二次创业失败。然而马云在失败面前从来不曾气馁。

无巧不成书，丁磊带着他的网易北上之日便是马云带着自己的队伍南归杭州之时。

阿里巴巴横空出世

马云团队在北京的 14 个月，并非完全失败。国富通网站当年创建，当年盈利是中国互联网早期绝无仅有的奇迹。抛开业绩不说，马云他们二次北上的收获依然重要。他们毕竟做的是外经贸部网站，毕竟是站在了当时中国外贸的制高点上，和世界对话，和互联网巨头们对话。

马云在这里亲身感受了国家宏观经济的脉搏，感受了世界互联网产业的脉搏。建在互联网上的中国商品交易市场一开通，各地中小企业反应热烈的场景不会不给马云留下深刻印象。

马云后来说："我在外经贸部的工作经验使我了解了许多中小企业的需求，也教会我如何让互联网能用于世界和中国的中小企业，这的确对我帮助很大。"

谁也不能否认阿里巴巴是马云和他的团队的一个伟大的创新，阿里巴巴的B2B商业模式堪称是世界互联网上的第四种模式。但这个模式的影子从1995年马云在西雅图放到网上的海博社的网页上就可以找到，那不也是个贴上去的企业信息吗？这个模式的影子从后来的中国黄页的页面上也能找到，只不过中国黄页上的企业信息是收费的，而且主要是大企业的信息；这个模式的影子更能从北京的"中国商品交易市场"的页面上找到，虽然也同样是收费产品，但那上面已经主要是中小企业的信息了。

1998年年底离开北京时，马云曾对大家说，回去做什么还不知道。其实那时他心里已经有了一个模式。

阿里巴巴的模式来自马云的灵感和直觉，来自他5年的互联网商业实践，也来自他与团队的激烈的思想碰撞。

马云从一开始就觉得互联网是个很灵的工具，它可以节省贸易成本。而全球的每年贸易成本是4700亿美元，这是多大的蛋糕！为什么会想到面对中小企业，那是因为浙江就是中小企业的海洋。

马云心中的网站模式是逐渐清晰的，经营模式更是在实践中逐步探索出来的。后来的阿里巴巴也为大企业做过网页，也开过网上商铺，甚至做过饭店预定，直到2001年7月阿里巴巴的"遵义会议"，模式才完全清晰。但这个清晰了的模式并不是马云想象的模式，马云心中的阿里巴巴要到10年后的2009年才能成型。

也许互联网命里注定就是一个模式不断变化、永远变化的产业。

1999 年 2 月，新加坡政府组织了一个“亚洲电子商务大会”，会议组织者邀请马云作为中国唯一的与会者。

当时的与会者 80%是美国人，演讲者 80%也是美国人。所有的演讲者讲的都是 eBay、AOL、亚马逊和雅虎。轮到马云演讲，马云发出的是唯一的不同声音：“美国是美国，亚洲是亚洲，我们不能照搬 eBay、AOL、亚马逊和雅虎的模式，亚洲 80%是中小企业，亚洲一定要有自己的模式。”

其后，马云和杨致远有过一次谈话。马云虽然拒绝出任雅虎中国的总经理，但他和杨致远一直保持着朋友关系。

马云问杨致远：“雅虎到底想做什么？”杨致远说：“雅虎想做一切。”马云说：“从理论上讲，你什么都做，往往什么都做不好。互联网的走势越来越纵向化，往横向发展比较难。”但杨致远不这样看。

回来马云反复思索：他要做横向，我就做纵向。互联网上有各种各样的东西，我就做商业，做贸易，做商人的网站，互联网上的电子商务是真正的趋势。

当时的中国互联网一片喧嚣和躁动，人们争相拷贝雅虎、亚马逊(Ama-zon)、eBay，拷贝网上门户、网上书市、网上拍卖，甚至网上生存、电子商务也被炒得火热。但此时的马云却有一份独有的清醒，在他看来，电子商务对于中国是 3 年以后的事，因为银行没准备好，配送没准备好。马云感到，美国的三种模式都不适合中国，他要推出的是一种新式的 B2B（企业对企业之间的营销关系）模式——这就是后来被国内外媒体、硅谷和国外风险投资家誉为与雅虎、亚马逊、eBay 比肩的互联网第四种模式。

当时，国内的网站大多数都是门户网站，也有人做 B2C（商家对终端消费者之间的营销关系），如 8848 网站。马云认为互联网上商业机构之间的业务量比商业机构与消费者间的业务量大得多；在EDI的实践告诉他，商业机构中最需要电子商务支持的是大量的中小企业。

其实B2B并不是马云的首创，马云创造的是一种独特的亚洲式也是中国式的B2B网站。这种阿里巴巴模式的B2B的独特之处在哪里呢？首先阿里巴巴是冲着中小企业去的。用马云的话说就是：不抓鲸鱼只抓虾米。欧美B2B都是对着大企业的，马云反其道而行之，声称阿里巴巴是中小企业的解放者。马云说："我为什么不能给他们一个网络出口呢？"他对中小企业进行过调查，发现这些中小企业商人头脑精明，生命力强，非常务实。他们才不管你什么战略不战略，能让他赚更多钱的东西他就会用，他们不会在乎为此花费一些小钱。电子商务对中小型企业来说门槛并不高。阿里巴巴目前推出的服务全部免费。"大企业买得起别墅，大企业你去用美国的套路，你可以住在别墅区，买不起别墅的肯定就要住公寓了。两居室，我们这些人给他们做两居室，我们要宣传，而且是不要钱的两居室，像康居工程一样。"

阿里巴巴不做电子商务全过程（即交易前、交易中和交易后），只做交易前，只做信息流。也就是说，阿里巴巴放弃眼下还不成熟的网上交易、结算和网下配送，只做网上信息交流；让客户网上交流信息网下交易。阿里巴巴实际上是一个开放的网络平台，一个虚拟电子市场和全球商人社区。马云说："一谈电子商务，就是要实现在网上的交易，这实际是一个错误的观念。电子商务未必一定要实现交易，我们可以在交易前这个阶段做得比西方更好：提供信息，提供交流，提供通讯。"

"如果把因特网比作影响人类未来生活30年的3000米长跑的话，美国今天只跑了100米，亚洲跑了不过30米，中国只跑了5米。你可能觉得雅虎、亚马逊他们现在跑第一，他们的模式是最好的模式，但是，没准在200米、300米后他们会掉下来。当年网景（netscape）真牛，但是，

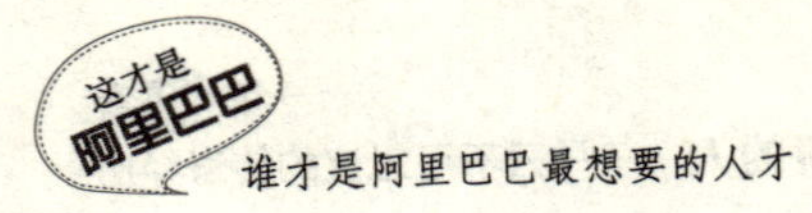

一轮后，它连人都找不到。网景当年想打败微软，导致了它的失败。人类第一代挖石油的人都没有发财，到了第二代，才真正富有起来。当时的石油不过是铺铺马路，点点煤油灯。所以，未来的因特网、电子商务根本不是我们今天谈论的东西，就像100年前人们发明电的时候，打死他也不会想到今天会有空调。你无法去想象三五年后电子商务会怎样，除非是算命。中国目前只适合做电子商务第一阶段的工作，那我们就把第一阶段的工作做好。"

马云创造的阿里巴巴模式，看起来神秘莫测扑朔迷离，点透了也很简单，就是一个专供企业使用的免费电子公告板。因此马云说："我觉得中国有很多的机会，但是每个人千万不要去拷贝国外的模式，也不要以国外有没有这样新颖的模式来判断我们中国的好坏，别人没有的，你有了未必是坏事；把美国的模式搬到中国去，不一定能行。中国人喜欢贴BBS，中国长城上每一块砖上都写着某某到此一游，中国人就好这个。人家说阿里巴巴是一个公告板，雅虎是搜索引擎，亚马逊是书店，那又怎么样？最好最成功的往往是最简单的。要把简单的东西做好也不容易。阿里巴巴要像阿甘一样简单。"

也就是说，阿里巴巴开始时的模式是中国国情和网络市场发展阶段的产物。今日的阿里巴巴早已不可同日而语。它不但引进了信用（诚信通），而且引进了支付（支付宝），未来的阿里巴巴会变成什么样，更难预测。

马云为什么能够成功

马云既没有海归的背景，也没有名牌学府的光环，甚至是一个对互联网技术没有任何基础的人。

马云之所以会取得今天的成绩，与他3年的复读生涯是分不开的。有一次杨澜采访他，他还在说前两天做了个考数学的噩梦。看似很小的事情为什么他还要在今天相当成功的时候提出来？他小时候所受到的挫折、在复读时候边打工边复习，数学总是只考了几分……这些事虽然给他带来了阴影，但正是他不舍地追求，扛住了困难与挫折，所以进入了大学。

复读生涯给马云的启示是什么？其一，事情总有困难而无法克服的一面，以至于到了今天依然害怕数学，但总有一天会过去。其二，正因为复读给他的痛苦，所以后来的日子里总是在寻求不断证明自己的机会，好像在不断地给以前的自己解脱。反观后来公司的发展，正是如此，无论是翻译社，还是中国黄页、阿里巴巴，都走过了比较痛苦的“复读”生涯，而后来正是马云在复读生涯中获得的启示，让他觉得自己总会成功，即使不会成功也会有个比较不失败的前途（就像当年考取师专而不是本科），就像“寒冬中希望我们是最后一个死去的人”的宣言一样。再加上证明自己能不断地给自己解脱的那种强大动力，让自己不仅仅只是做了个讲师，做了个翻译社的老总，做了个阿里巴巴的CEO，而是要做世界的第一，都源于此！

此外，马云充分利用了自己精通外语的优势，充分利用了在大学里6

年教书的经历，咬定青山不放松，把自己的理想变成了现实。

记得曾经采访过的一位人物曾这样总结：非偏执不能成大事，能成大事者在一定程度上看就是偏执狂，这种所谓的偏执简单地理解就是不达目的誓不罢休的精神。马云亦是如此。

与大多数人所不同的是，马云一个鲜明的个性就是敢想敢做，求变求新。凡成功之事，既有偶然，也有必然，偶然与必然相互交织，缺一不可。马云与互联网的接触来自一个偶然的机会，但对于这一新生事物的准确判断和执著探索，却使阿里巴巴的成功成了一种必然。1995年，当大多数人还对Internet一无所知的时候，马云决定弃教从商，开创一家网络公司，当马云把这个想法告诉朋友们的时候，24个人中有23个人反对，只有一个人支持。而马云就是在绝大多数人反对的情况下，开始了自己对互联网的探索之路。

如果说，一个正确的选择使马云有了一个良好的开始，那么，对人对事坚守一定之规，应该也是马云取得今天成就的又一“法宝”。马云的人格魅力使他集结了一批“死党”，而取得最初的成功，他靠的就是人才。马云认为，做互联网公司，留不住人才是最大的失败，而对于“人才”两个字的解读，第一位是人，第二位才是才，才有高低之分，而人的品质、德行却是最为关键的。

马云曾和金庸大师探讨过何为“笑傲江湖”。所谓“笑”，就是眼光深邃、虚怀若谷；所谓“傲”，是必须有实力。马云常挂在嘴边上的一句话是“阿里巴巴是个快乐的青年”，在工作过程中一直保持着好的心态和必胜的信念。

马云和阿里巴巴的成功是不可仿制的，但是在这些成功的人与事的背后，有很多东西值得我们去思考和学习。

第 02 章

满怀激情的人

——热情造就马云网商传奇

每个参与工作的人都知道，就业路上困难重重，步履维艰，如果你没有一点激情是很难克服那些困难，并最终坚持下来的；但若是拥有激情，便能逢山开路，遇水架桥，直面困难，解决困难。所以，所谓阿里巴巴里的人才，就是比其他人更有激情的人。

人才最优秀的特点就是激情

人才最优秀的特点就是激情，对于这一点，阿里巴巴的缔造者马云一直深有感触。1999 年，当阿里巴巴还没有被大多数人知道并接受的时候，马云就对同伴宣称：“我们要做一家 80 年的公司，要进入全球网站的前十名。”就在这时，曾在瑞典 Wallenberg 家族主要投资公司 Investor AB 任副总裁的蔡崇信到阿里巴巴来商讨投资。几次接触下来，蔡崇信被马云的思维和激情征服了。他当即决定抛下 75 万美元的年薪，加盟阿里巴巴领取每月 500 元的薪水。马云的激情，不仅使自己突破了重重困境，更是感染并吸引着和他接触过的每一个人。

后来，马云更是“激情四溢”地宣称：“我们要做一家 102 年的公司，要进入全球网站的前三名。”所有这些疯狂的想法，都是激情使然。

正是因为看中了他这一点，软银集团董事长孙正义在选择投资对象时，只用了短短 6 分钟时间，便毅然决然地选择和阿里巴巴合作，融资 2000 万美元。

孙正义的软银公司，每年要接受 700 多家公司的投资申请，但是大约只有 10%，也就是只有 70 家左右的公司能够如愿以偿得到投资，其中只有一家孙正义会亲自去谈判。而阿里巴巴却让孙正义在短短的 6 分钟之内就做出了投资的决定，他说正是马云的这种工作激情和领导气质吸引了自己。孙正义见到马云经常会说：“马云，保持你独特的气质，这是我为你投资的最重要的原因。”

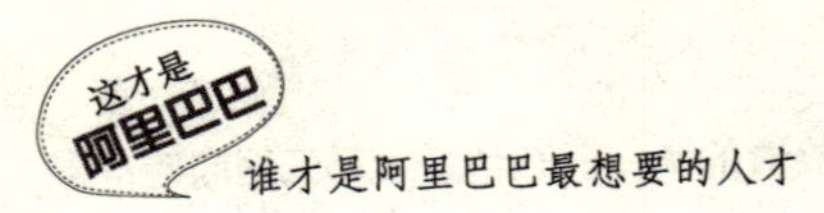

马云的确是一个很有激情的人，见过马云或者在电视上看过马云的人，都会被马云身上的激情所感染。事实上，马云也正是因为富有激情才能获得极大的成功。

正是由于激情，马云挥手与6年的教师生涯告别，投身商海；也正是因为激情，马云在遭受了一次又一次的磨难之后，仍然保持着乐观的态度，并且竭尽所能地克服困难，最终走向辉煌。

马云的经历告诉我们，激情让人相信没有过不去的火焰山，任何事情都有解决的办法，关键在于你的对策是否切实、有效、具有针对性。激情促使人们想方设法找到问题的症结，寻求对症下药的良方，让困难在自己面前低头。

另外，激情还能够令人突破潜能。如果我们留意身边，就会发现，有些人，专业知识不过硬，人也不是很聪明，但往往能取得令人咋舌的成就。这样的事实证明，这些人之所以可以成功，往往归结于他追求理想的激情。激情能够促使人们去尝试平常人从未想过、自己也没有一点把握的事情，继而潜能被激发。谁能体会忙得连饭都来不及吃的忙碌，谁能想象半年的事情用一周来完成的急迫，谁曾经历身心连梦境都萦绕其中的投入？

马云有一句口头禅："只有你想不到的，没有马云做不到的。"的确，激情常常能激发出令人意想不到的创意。因为拥有激情，人的大脑便会保持长时间的兴奋，使思想随意碰撞、交织、融会，创意便由此诞生了；而且，人若拥有激情，便会习惯性地从任何事物中发掘出其本质，以激发自己的灵感；激情还能使人敢于谋事，善于做事，让创意践于实际，以务实的作为映衬空谈的懦弱。

然而，激情虽然有诸般好处，但是对一个有能力的人来说，空有激情也是不行的。很多时候，工作是极具挑战性的，是对从业者自身的智慧、能力、气魄、胆识的全方位考验。一个人要想获得工作事业的成功，需要的不仅仅是激情，还必须具备基本的工作素质。那么，什么才是阿里巴巴的人才呢?

首先，要培养自己的决策能力。

决策能力是一个人才综合能力的表现。人才会从错综复杂的现象中发现事物的本质，找出存在的真正问题，分析原因，从而正确地处理问题。

其次，人才要有经营管理能力。

经营管理能力是一个人才必须具备的能力，可以说，经营管理能力直接关系到工作事业的成败。经营管理能力不仅涉及人员的选择、使用、组合和优化，还涉及资金的聚集、核算、分配、使用、流动等。经营管理能力是一项综合性很强的能力，要从经营、管理、用人、理财等几个方面去学习。

第三，人才要有专业技术能力。

专业技术能力是人才掌握和运用专业知识进行专业生产的能力。在工作过程中，是不是人才，要看他是不是重视专业技术方面经验的积累和职业技能的训练。

第四，人才要有交往协调能力。

交往协调能力是指能够妥善地处理与公众，诸如政府部门、新闻媒体、客户等之间的关系，以及能够协调下属各部门成员之间关系的能力。

最后，人才最不能缺少的是不断创新的能力。

创新能力是成功的翅膀。在竞争激烈的市场中，缺乏创新的人是很难站稳脚跟的，而一些细小的改变也许就能成为你公司的出路或产品的卖点。所以，改革和创新永远是一个人活力与竞争力的源泉。只要拥有以上能力，再加上不屈不挠的工作激情，便没有不成功的道理。

阿里巴巴需要坚持理想的人

马云曾经在“阿里巴巴社区大会”上说过这样一段话：“初恋是最美好的，每个人的第一次恋爱最容易记住。每个人初次创业时的理想也是最好的，但是走着走着就找不到这条路在哪里了，其实你的第一个梦想是最美好的东西……2001 年网络泡沫破灭时，那三十几家公司，我记得现在全部关门了，只有我们这一家还活着。我们是坚持初恋的人，我们是坚持梦想的人，所以才能走到今天。”马云在回顾阿里巴巴的创业历程时，总结了企业创新发展的经验，其中有一条就是：坚持自己的理想。

做工作、做事业和做人一样，一定要坚持自己最初的理想，不可轻易动摇自己的信念，哪怕很多人都强烈反对，但只要你认定了，就要坚持。

马云的事业之路走得并不顺利，阿里巴巴从成立以来一直备受质疑，但他从来没有质疑过自己。马云说：“从 8 年前我做阿里巴巴的时候开始，我就是一路被骂过来的，大家都说这个东西不可能。不过没关系，我不怕骂，反正别人也骂不过我。我也不在乎别人怎么骂，因为我永远坚信这句话：你说的都是对的，别人都认同你了，那还轮得到你吗？”所以，马云一直坚定不移地按着自己的理想进发，自始至终都没有退缩半步。

所以，马云常常给阿里巴巴的员工这样的忠告：“首先要搞清楚，自己是否具有强烈的工作意愿，是否能始终坚持自己的理想。如果这两个问题的答案不明确，如果自己事业的意愿不够强烈，那么最好别上班。因为打从上班的第一天开始，每天都会与‘挫折’为伍、以‘困难’为伴，要坚持下去，就需要你有矢志不移的强烈意愿。”

当时，马云就是看好了电子商务，并以此为目标，始终坚定不移地向着这个领域前进。马云说：“我坚信互联网会影响中国、改变中国，我坚信中国可以发展电子商务，我也相信电子商务要发展，必须先让客户富起来。如果客户不富起来，阿里巴巴就是一个虚幻的东西。”在发展的路上，马云也遇到过很多诱惑，阿里巴巴也遇到过很多疑惑，但最终还是在电子商务的道路上走了下来，这都是因为马云一直坚持自己最初的理想，并坚信自己是对的。

一直以来，阿里巴巴都坚定不移地走电子商务路线，尽管马云承认电子商务也许三年，也许四年、五年都挣不到钱，但马云坚信八年、十年后一定能够实现赢利。所以，马云坚持把钱投入到电子商务中，而且即使面对着各种诱惑和压力，马云也从来没有改变过。

2001年的冬天也正是互联网的寒冬，这一年对于整个中国互联网来说，可谓是一片萧条。昔日IT界呼风唤雨的“网络英雄”都已经“风光不再”，撑不下去的早已“关门大吉”，就是勉强撑下去的也已经“改头换面”，脱离互联网，选择了“下线”。

于是在2001年年底，孙正义在上海召开了一次投资会议，孙正义问马云：“你要不要也调整战略，放弃电子商务，转向其他领域？”马云却信心十足地对自己的“投资人”说：“孙先生，一年前你为我融资的时候，我向你要钱的时候，我讲的是这个梦想；今天我仍然要告诉你，我还是这个梦想。唯一的区别是我朝我的梦想往前了一步，但是我还会继续往前走！”

马云接着说：“我们的模式能赚钱，对此我深信不疑。亚马逊是世界上最长的河，珠穆朗玛峰是世界上最高的山峰，阿里巴巴是世界上最富有的宝藏。”马云非常自信，每一个接触过马云的人都有这种感觉。有人评价马云时说：“他走每一步的时候都很有底气、很有把握，仿佛一切都在他的谋

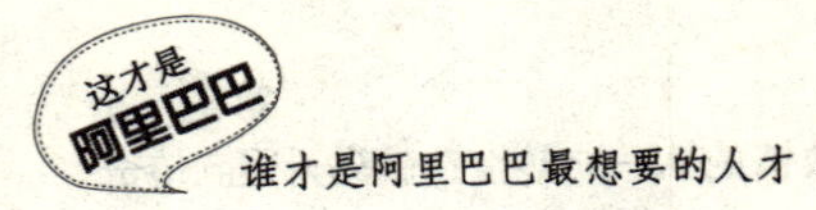

略和计划之中，所以他无所畏惧。”

果然，在艰难的坚持和等待中，阿里巴巴度过了严冬，迎来了崭新的辉煌，投资者、员工们无不对马云心悦诚服。当然，取得这一切成绩，首先要归功于马云坚持自己理想的强烈意愿。

现代职场，特别是阿里巴巴的工作之路会充满艰辛，如果缺乏强烈的意愿，就很难坚持到最后。而能够维持这种意愿的东西，往往是从业者坚信自己能取得成功的信念。一位成功人士说过这样一句话：“创业就像在一个黑屋子里，一点光都没有。但你要告诉自己，那就是有光的地方，告诉自己那是方向，然后跟团队说：‘跟我走，那就是方向’。”也就是说，相信自己的选择、坚信自己的判断力，并向着自己选择的方向坚定不移地向前走。

在今天，参与阿里巴巴的队伍越来越大、越来越强。所以，阿里巴巴要求员工一定要听从马云的忠告，问问自己，是否有着强烈的事业意愿？是否对达成梦想有着坚定不移的信念？是否能面对种种挑战，克服种种困难？如果你搞不清楚自己的选择到底是一时的心血来潮还是已经决定全身心地投入，不清楚自己的意愿到底有多大，也不清楚自己是否有直面各种困难、挑战的勇气。那么，你的成功之路就很难走下去。

要有一股疯劲，偏执才能成功

马云曾说过这样一句话："只有你想不到的，没有马云做不到的。"其实，这里暗含了马云性格里疯狂的一面。正如朋友们给他取的两个绰号，一个是"疯子"，一个是"狂人"。

对于"疯子"这个称号，马云十分淡然。他说："我疯狂，但是绝不愚蠢。""狂妄"的马云常对阿里巴巴的员工说一句话："我是一个笨人，算，算不过别人；说，说不过别人。但是我成功了。我想，如果连我都能够成功的话，那我相信，80%的年轻人都能够成功……"马云的成功之路，一路上都在和"疯狂"做伴。

1995年，当他偶然接触过一次当时叫做"因特耐特"的互联网之后，就"疯狂"地迷上了这个东西。于是，他决心要做一个这种叫做"因特耐特""邪乎"的东西。这时，很多人都认为他疯了，有朋友站出来反对："这玩意儿太邪门了吧？政府还没有开始操作的东西，不是我们能够干的，也不是你马云能够干的，这需要好几千万美金呢！"

当时，正是马云在杭州电子工业学院春风得意的时候，但他还是没有听朋友们的"劝告"，"疯狂"地抛弃了一切，一头扎进了互联网。虽然，在成功途中经历了种种磨难，但他依然疯狂地坚持着自己的梦想。

1999年，在全世界的互联网企业都克隆美国模式，做门户网站，为20%的高端企业服务的时候，马云又别出心裁，选择了为中国80%的中小企业服务，并且还美其名曰："听说过捕龙虾富的，没听说过捕鲸富的。"

于是，在众人的质疑声中，他创立了阿里巴巴。

马云在《赢在中国》中为一位选手点评时说："你的性格不适合当老板，因为你太儒雅。"其实，马云的言外之意就是，一个人要想成功，不能太过儒雅，必须要有点疯劲。

疯狂的人具有不妥协、不放弃的精神，他们认定的事，都会不管对错，执拗到底。也正是这种"不管对错"的执拗，屏蔽掉了"给自己找借口"的风险，坚持做下去的可能性就会更大。所以，只要给予正确引导，"疯狂的人"更容易成功。而阿里巴巴就需要这样的疯子，从某个角度说，阿里巴巴就是马云"疯狂"的结果。

2003 年，当时，全球电子商务巨头 eBay 收购国内 C2C 老大易趣，实现了强强联合，准备独霸中国网拍市场。面对 eBay 这个全球电子商务的"巨无霸"，马云没有退缩。2003 年 5 月，马云作出了一个大胆的决定：进军 C2C，向 eBay 易趣挑战！

这一举措充分地显示了马云"疯狂"的本性，因为他们根本就不在一个等级上，在别人眼中，这无疑是"蚍蜉撼大树——不自量力。"

听到马云的这个想法，阿里巴巴当时的首席技术官吴炯吓呆了："Jack，你疯了吗？我在雅虎跟 eBay 交锋了那么多年，输得口服心服，那是个非常可怕的巨人……"

然而，马云并没有被这个威胁吓倒。2003 年 7 月，阿里巴巴在上海、杭州、北京同时宣布：投资淘宝网，进军 C2C 领域！

马云这个决定的确是够"疯狂"，而且还不是一般的"疯狂"！后来，马云到美国华尔街做演讲，讲到淘宝的前景时，基金经理们的表情顿时"180 度大转变"，甚至有位基金经理，在当场向马云喊了一句"eBay will win (eBay 将赢)"就愤然离去。

最后的结果，却令吴炯和这位相信"eBay will win"的美国基金经理大跌眼镜：淘宝网在不到两年的时间内占领了中国C2C市场70%的份额，而那个号称全球老大的“巨无霸”eBay，选择了止损出局。

正如马云所说：“我很疯狂，但是我不愚蠢。”马云的疯狂并不是那种得意忘形的疯狂，他的疯狂源于他的激情和强烈的市场意识。因为拥有眼光，所以对于千变万化的信息能够反应迅速，并且能够根据实际情况进行大胆决策，再辅以周密的计划、灵活的处理方式，最终将设想转化为实际行动，这是马云能够成功的至关重要的一点。

一个人一定要有持久的激情

马云发现，有些人刚开始进入阿里巴巴的时候，的确是激情满满、自信满满，一副“不成功，便成仁”的样子。但是，当遭遇了困难和挫折以后，那满腔的激情便开始逐渐消减，甚至因为无法面对困难和挫折，承受不了失败的打击，到最后干脆直接退出。所以，在阿里巴巴不需要这样的人，这样的人也难以在阿里巴巴站住脚。

在一期《赢在中国》中，一位致力于做中国最专业的电动车维修和综合服务企业，提供电动车整车、二手车、维修、配件批发、高科技产品研发的参与者董冰，在回答马云“为什么选择电动车？为什么选择在苏州创业？组织员工学习时都让他们学什么？”的三个问题时信誓旦旦地说：

“因为这个行业是被打压的，是完全依靠市场推动力发展支撑的。现在我已经得到了一个很好的消息，政府马上就要解禁了，这证明它顽强的生命力已经迫使一些地方政府不得不让路。真正有市场生命力的东西一定不是靠扶持发展起来的，而是靠市场需求生存下来的。再加上我们的技术能够深入到这个行业，所以我选择了电动车这个行业。”

至于为什么选择苏州，他又说：“因为苏州的电动车保有率非常高，如果我在苏州没有成功，就证明我无能。另外，我在苏州没有任何可以利用的关系，如果我能成功，就说明我们的模式能够复制到全国。”并且，他说他的员工平均文化程度只有初中，但是，他有信心在短时间内把他们培养成最优秀的团队。

一个人能够有如此激情，的确是一个非常好的开始，这也是每个参与阿里巴巴事业的人都应该具备的。然而，对于他的这番话，马云却给出了这样的忠告：“短暂的激情是不值钱的，只有持久的激情才能赚钱。”

的确，用“永远激情”来形容马云是再合适不过的了。就如他在2004年的国际电子商务大会上带着由衷的感慨说出的一段话：“电子商务是一个新的领域，我们最重要的就是永远为你所激情的事情激情下去。做电子商务不容易，今天有这么多人在，我非常高兴。从事网络的人，尤其是这几年活下来的人，经历的事情太多……”这也许就是他一路走来的人格魅力的体现吧。

从大学教师到“中国互联网之父”，马云一路都是充满激情地走来的。在“中国黄页”初创之时，几乎所有的中国企业对于在互联网上打广告、做宣传都抱着强烈的怀疑态度，但他却一如既往地坚持着自己的梦想。

即便是到了1999年，马云和他的合伙人以50万元人民币始创阿里巴巴网站时，仍旧是困难重重。尽管如此，马云依然是充满信心，为自己和合伙人制定了奋斗目标，规划出美好未来的蓝图。

至今，阿里巴巴都还保存着这样一段录像：1999年阿里巴巴刚成立时，在杭州湖畔花园的马云家，坐着包括马云的妻子、同事、学生、朋友等共18个人。当时留着长头发的马云手舞足蹈，充满激情地慷慨陈词：“从现在起，我们要做一件伟大的事情。我们的B2B将为互联网服务模式带来一次革命！”他说：“你们现在可以出去找工作，可以一个月拿三五千的工资，但是3年后你还要去为这样的收入找工作。而我们现在每个月虽然只拿500元的工资，但一旦我们的公司成功，就可以永远不用为经济担心了！”

很显然，马云的话带有一些理想主义的色彩。在阿里巴巴成立的最初几年，因为没有找到适合的赢利模式，公司不仅没有收入，还背负着庞大的运营费用。2001年，受世界经济衰退及IT泡沫破灭的影响，还未成气候的阿里巴巴公司甚至差点垮掉。

但是，无论境遇多么艰难，马云都始终相信，人总是需要有一些狂热的梦想鼓舞自己的，做阿里巴巴不是因为它有一眼可见的前景，而是因为它是一个不可知的巨大梦想。

“世上无难事，只怕有心人”，经历了几次磨练的马云终于将阿里巴巴带到了光荣和梦想的彼岸。马云把这一切都归功于坚持。而接下来，他还要继续充满激情地向前走，永远地走下去。马云说，希望到60岁时，他还能和现在这帮做“阿里巴巴”的老家伙们站在桥边，听到广播里说，“阿里巴巴”今年再度分红，股票继续往前冲，成为全球……马云说：“那时候的感觉才叫真正成功。”

能够激励团队保持激情

马云曾说："作为阿里巴巴的员工，保持激情很重要，但是短暂的激情是没有用的，长久的激情才有用。一个人的激情也没有用，很多人的激情才有用。如果你自己充满激情，你的团队却没有激情，那一点用都没有。怎么让你的团队跟你一样充满激情地面对未来、面对挑战，是极其关键的事情。"可见，马云对于保持团队的激情是非常重视的，这也是衡量一个人是不是阿里巴巴合格员工的标准之一。

马云说："判断一个人、一个公司是不是优秀，不是看他是不是Harvard（哈佛），是不是Stanford（斯坦福），也不是看里面有多少名牌大学毕业生，而是要看这帮人干活时是不是发疯一样地干，看他每天下班时是不是笑眯眯地回家。"

那么，如何让一个团队保持持久的激情，发疯一样地干活呢？关键就在于这个团队的领头人，因为领头人的一言一行往往能够影响整个团队。一头狮子率领的绵羊队伍可以打败一头绵羊率领的狮子队伍。的确，领头人如果总是斗志昂扬，激情澎湃，他带领的团队必然也会因为耳濡目染、潜移默化变得意气风发。

多于刚刚入职阿里巴巴的员工来说，上班的第一天他的主管会告诉他："在平时的生活、工作中，你要在所有的同事和下属面前，永远保持微笑和活力，让他们相信没有能难倒你的事。你要表现出你的自信坚强，有成绩表扬大家，有困难激励大家，同时还要把这种状态带给你周围的人。天长日久，你的激情给你带来的收益将超出你的想象，因为每个人都喜欢和有激情、热情开朗的人来往。”

马云就是个非常注重培养员工的积极性的领头人。在刚刚创立阿里巴巴的时候，为了建设一个舒适的社区，马云提出阿里巴巴要有“蓝蓝的天”、“踏实的大地”、“流动的大海”、“绿色的森林”，意思就是要决策透明，每一个决策从法律和道德上都要是安全的，可以跨区域、跨部门流动。目的是让每一个员工都觉得阿里巴巴是一个能常给自己带来很多创意和快乐的地方。

马云平时不仅会把自己的快乐展示出来，而且经常会制造一种轻松的气氛来逗员工开心。在公司里，他就像个闲不住的大男孩，一不留神就会出现在员工身后，眉飞色舞地聊聊业务，不露声色地给些启发。马云曾把手机铃声设成《我们是共产主义接班人》，可见他时刻都在制造快乐。

其实每个人的内心深处都有激情在潜伏着，一旦有人把这种潜能挖掘出来，就会变成一种连他自己都想象不到的巨大力量，而一个团队的领导者就是激发这种潜能的最好的人选。而马云正是这样一个有魅力的带头人。当年，阿里巴巴连续三年没有盈利，每月只有500元的工资，员工们却干劲十足。在杭州湖畔花园小区的马云家里，时常通宵亮着灯，员工们不会计较谁干得多干得少，也不会抱怨拿500块钱的工资却干几倍的活。马云的一句“一旦我们的公司成功，就可以永远不用为经济担心了”便让所有人都投入到了对未来的设想中。

一个人有激情，就会活力四射，始终保持一种昂扬向上的态势；一支队伍充满激情，必然会虎虎生风，敢闯敢干，斗志昂扬。正是因为充满激情，阿里巴巴才能熬过三年的艰难阶段，一举成为电子商务的排头兵。

所以，作为阿里巴巴的员工，你要有能力影响人们并进而影响他们的

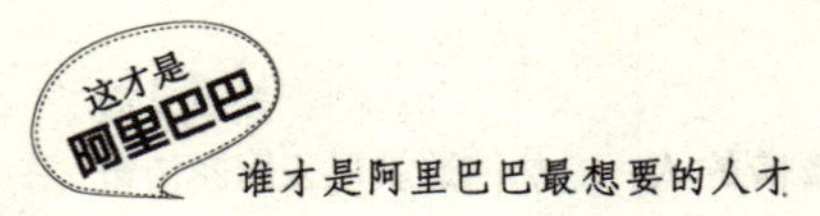

行为。如果你能创造一个鼓励信任、保持乐观、充满快乐和具有个人发展空间的氛围，那么你将建立起一个可持续的、高效的团队，在这个过程中，你就会为阿里巴巴创造出许多意想不到的成功。

坚信自己，为梦想而战斗

阿里巴巴需要有梦想的人。马云常说的一句话是，不要问“我能做什么”，而要问“我该做什么，我想做什么”。马云在回顾阿里巴巴的发展历程时，在总结了阿里巴巴创新发展的经验时，其中有一条就是：坚持自己的理想。

马云认为，任何从业者一定要坚信自己在做什么，一定要坚信自己是正确的，这样才会有成功的可能。在工作的过程中，尤其是前四五年以内，任何一家公司都会面临很多的抉择和机会，在每个抉择和机会过程中，你是不是还是像第一天，像自己初恋那样记住自己第一次的梦想，至关重要。在原则面前你能不能坚持原则，在诱惑面前能不能坚持原则，在压力面前能不能坚持原则。最后明确想干什么，该干什么以后，再给自己说，我能干多久，我想干多久，这件事情该干多久就做多久。

马云一开始就梦想做一家中国人创办的全世界最好的公司，梦想做一个世界前 10 名的网站。

然而在马云创业之初，除了梦想，几乎一无所有。他没有钱，没有家庭背景，没有社会关系，没有名牌大学的出身，没有海外留学的经历，没有 MBA 学位，没有计算机知识。梦想成功，是马云的创业的缘起，但不能仅仅止于梦想，要给梦想一个实践的机会，要为实现梦想而战斗不息。

在过去的几年里，阿里巴巴的模式是不被业界看好的。例如网易 CEO 丁磊、搜狐 CEO 张朝阳等人之前一直不看好 B2B 模式，但马云不在乎别人怎么说，他只相信自己的感觉。在马云心里，别人越看好，他越不做，别人越不看好的，他倒要出其不意地试试看。

阿里巴巴的投资者中有一些人曾质疑过阿里巴巴模式，为此，马云在说服他们的同时，也做出了一些很好的成绩，使这些投资者都心悦诚服。自 1999 年，阿里巴巴以“让天下没有难做的生意”的强烈使命感和“服务第一、客户第一”的价值观，实现了惊人的跨越，最后发展到 7000 多人，成为了由 5 家企业组成的集团，产品市场占有率超过 80%。马云认为，这是坚持自己梦想的结果。

马云喜欢有梦想的人，他曾经对他的员工说：“我们还是坚信一点，这世界上只要有梦想，只要不断努力，只要不断学习，不管你长得如何，不管是这样，还是那样，男人的长相往往和他的才华成反比。今天很残酷，明天更残酷，后天很美好。但绝对大部分人是死在明天晚上，所以每个人不要放弃今天。”可见，作为阿里巴巴的一员，有梦想是很重要的。

作为阿里巴巴人，除了有梦想、有决心、有毅力之外，还得有智慧。马云是中国第三代企业家，更是成功者的典型。他的智慧表现为洞察网络潮流的眼光、捕捉商业机会的敏锐，以及战略决策的智慧、聚人用人的卓尔不群。

马云说：“因为我知道我看见了这个东西，我太想做一样东西。很多年轻人是晚上想想千条路，早上起来走原路。一个人的成功，关键不是看你是不是有出色的想法、理想、梦想，而是看你是不是愿意为此付出一切代价，全力以赴地去做它，证明它是对的。”

敢想敢干，相信一切都有可能

马云如是说：从第一天开始做互联网，我们被人家当作骗子，到后来当疯子，到今天别人把我们当狂人，我已经根本不在乎别人怎么看我了。在阿里巴巴，你是不是真正在做有意义的事情，这个很重要。

对于大多数成功的企业家来说，世界上没有所谓“不可能”的事情，只要你敢想，并且付诸于努力的行动，那就“一切皆有可能”。而对于一个普通人来说，这种想法就是典型的“不靠谱”。因此那些成功人士在成功之前多被人称作“疯子”“狂人”，但正如马云所说，被称作什么不重要，重要的是，做你认为正确的、有意义的事情。

2002 年，马云很低调地给阿里巴巴定的盈利目标是：赚 1 元钱。他对全体员工说：要赚 100 万元钱，谁都不知道该怎么去做；但要赚 1 元钱，谁都知道怎么去做。每个人都多做一个客户，对客户做好一点，让成本减少一点就可以了。2002 年，赚 1 元钱就实现目标，赚 2 元就超过了目标的 100%，赚 3 元就超过目标的 200%……这就是可以预期的目标和可望不可即的目标的区别。所谓志在蓝天，脚踏实地也是这个道理。2002 年 12 月底，经过阿里巴巴全体员工的努力，阿里巴巴终于实现了 1 元钱的盈利。

但在 2002 年的年终会议上，马云“狂”性大发，竟然提出了 2003 年的计划——阿里巴巴全年盈利 1 亿元。从 1 元到 1 亿元！有人站起来拍桌子说这根本不可能，马云纯粹是异想天开。然而马云的个性是一旦下定决心，十头牛都拉不回头。

目标提出的同时，马云也相应地调整了阿里巴巴的公司组织结构，目的是使其变得更加灵敏和高效。在此之前，公司由事业部主导，设有工程部、销售部和网络部。调整之后，马云把这几个部门合并成为两个部门，一个做外贸，一个做内销。与之相对应的中国供应商和贸易通产品，也都改由配备专业的队伍及时跟进。另外，马云还在公司成立了一支针对大客户的直销队伍。这在许多互联网公司，基于有网站作为平台的理解，都忽略掉了。

剩下的问题是怎么让免费客户心甘情愿掏钱。阿里巴巴推出了专注于中小企业网上交易的中国供应商服务。中国供应商会员可以分享50万海外买家和进出口商的有关信息，阿里巴巴帮助中国企业出口，参与全球化竞争。企业想做国际贸易，阿里巴巴协助在国际网站推广，服务费从2万元到6万元，按照一定的比例相应地提高价位。

2003年，如马云所料，阿里巴巴轻松完成了1亿元的盈利，阿里巴巴报告日收入100万元。在所有收入中，主要来源是中国供应商会员服务费和诚信通会员服务费，前者占70%的收入，诚信通的收入占到20%多，其他为广告收入，占到2%~3%。

实际上，马云对外宣称的这些数字，都是通过财务统计过的，绝不是他信口雌黄。阿里巴巴单日赢利100万的目标，其实早在2003年7月就已经单月实现了。而他在公众面前夸下的海口，也都是公司内部正在执行的目标。“虽然我们没上市，但是我们的财务体系非常规范。”阿里巴巴的CFO蔡崇信说。

在2003年终会议上，马云又抛出了一个听上去更疯狂的目标：2004年，我们要实现每天利润100万；2005年，我们要每天缴税100万。每天盈利100万元！这再次引起了阿里巴巴管理层的轩然大波。反对的声音更

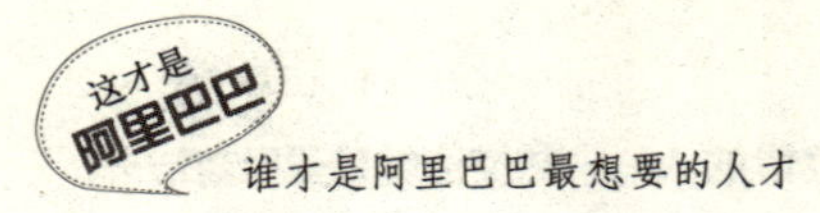

激烈，马云充耳不闻。他仿佛是上帝的宠儿，一切都稳稳当当地掌握在手里。2004年，阿里巴巴再次实现了马云的梦想，马云再次征服了他的部下们，让当初的不可能变成了可能。

成功学家拿破仑·希尔年轻的时候，他抱着成为一名作家的理想，为实现这个梦想，他知道自己必须精于遣词造句，而字就是他的工具。但是，由于家境贫穷，希尔接受的教育并不完整，因此，"善意的朋友"就告诉他，说他的雄心是"不可能"实现的。

年轻的希尔并没有放弃，反而更加立志实现雄心壮志，他存钱买了一本最好、最完整、最漂亮的字典，他所需要的字都在这本字典里面，而他立志要完全了解、掌握和运用这些字。但是他首先却做了一件非常奇特的事情，他找到"不可能"（impossible）这个字，用小剪刀把它剪下来，然后丢掉。于是他有了一本没有"不可能"的字典。此后，他把所有的事都建立在这个前提下，对一个渴望成长、想超越别人的人来说，没有什么事是"不可能"的。

当然，不建议你也从你的字典中把"不可能"这三个字剪掉，只是建议你从你的头脑中把这个观念铲除掉。谈话中不要提到它，想法中要排除它，态度中要去除掉它。无情地抛弃"不可能"，不再为它提供各种理由，不要再为它寻找种种借口。把这个字和这个观念永远抛开，用光明灿烂的"可能"（possible）来代替它。而"可能"这两个字的意思也就是——你认为你行，你就行。

同样的，在马云眼里，在整个阿里巴巴所有人眼里，世间没有绝对的"不可能"，只要自己认真去做，那么Impossible（不可能）就会变成I'm possible（我是可能的）。所以，在阿里巴巴，一定要有"一切皆有可能"的意识，这样才是阿里巴巴喜欢的员工。

阿里巴巴跟着使命感走

2001年，马云在纽约受邀参加了克林顿夫妇的早餐会，在那次早餐会上，克林顿表示，美国无论是经济还是政治、军事，在全世界都是一流的，没有可以模仿和借鉴的对象。而对于美国是依靠什么力量前进并居于世界第一的，克林顿表示，是使命感引导美国向前走。

这一番言谈给马云的感触很深。在他看来，中国的互联网公司可以模仿雅虎、美国在线、亚马逊、阿里巴巴，但阿里巴巴能去模仿谁？一流的公司不应该是他人的复制品，所以阿里巴巴也要跟着使命感走！

之后，马云又进一步确立了公司的使命感，那就是“让天下没有难做的生意”。在这种使命感的牵引下，阿里巴巴制定了自己独特的价值观。在阿里巴巴，价值观是决定一切的准绳，招聘什么样的员工，怎样培养员工，如何考核员工，为客户提供什么样的服务等，都要坚决彻底地贯彻这一原则。

马云说：“我们提出‘让天下没有难做的生意’这一理念以后，我们就把这个作为阿里巴巴推出任何服务和产品的唯一标准。我们的工程师和产品设计师把我们的产品设计得非常简单，以便让客户更容易操作，我们把麻烦留给自己，这就是使命感的驱动。”

面对别人“为什么阿里巴巴当时选择了电子商务，而不是当时其他人所看好的赚钱方式”的疑问，马云的回答是：“只有电子商务才能改变中国未来的经济，我坚信人们进入信息时代以后，中国完全有可能成为世界一流的国家，无论是政治、经济、军事，还是文化。阿里巴巴刚成立的时候我说过，我们相信中国一定能进入 WTO，而中国的腾飞又是以中小企业的发展为基础的，我们用 IT 武装它们，帮助它们腾飞，也帮助自己腾飞。阿里巴巴的使命就是让天下没有难做的生意，让客户挣钱，帮助他们省钱，帮助他们管理员工。”

的确，一个公司的使命感和价值观，往往更能提高整个团队的凝聚力，同时引领着这个整体向着既定的方向不断前进。

正如马云说的：“我们的员工来自 11 个国家和地区，他们有着不同的文化背景，是共同的价值观让我们团结在一起，奋斗到明天。我们总结了 9 条精神，是它让我们一起奋斗了这么多年。我们告诉所有的员工，要坚持这 9 条：第一是团队精神，第二是教学相长，然后是质量、简易、激情、开放、创新、专注、服务与尊重。这 9 个价值观是阿里巴巴最值钱的东西。”

从 2000 年起，新员工都要进行学习培训，只有能够完全接受阿里巴巴的价值观、使命感的人才能正式加入阿里巴巴。马云说：“使命、价值观、目标是任何一个企业、组织机构一定要有的东西，如果没有这三样东西，你就走不长、走不远、长不大。”

GE 最初从做电灯泡开始，是为了让全世界亮起来；迪士尼公司自始至终都认定，要让世界快乐起来；TOYOTA 的使命是让全世界都懂得尊重；阿里巴巴也从不忘自己的使命：让天下没有难做的生意。所以，他们做任何事情都是围绕着这个使命进行的，任何违背这个使命的事情阿里巴巴都不会做。

2003 年，阿里巴巴在 B2B 领域发展得已经非常好了。然而，对于怎么走下去，马云却开始迷茫了。因为当你站在第一的位置上时，往往不知道该往哪里走，第二、第三可以跟着第一走，但是第一却没有参照。此时的马云正是凭着强烈的使命感做出了一系列指引阿里巴巴发展方向的决定。

2004年，阿里巴巴重新确定了公司的目标：第一，做102年的公司；第二，做世界十大网站之一；第三，只要是商人，一定要用阿里巴巴。

马云声明：我们在做每一个决定之前，都会考虑到怎样去做才能使客户的利益更大化。2007年阿里巴巴上市前夕，马云重申，希望通过上市，让网商富起来，这也是阿里巴巴的使命之一。

正是“让天下没有难做的生意”的使命感，使阿里巴巴受到了众多客户的尊重。因为阿里巴巴这个平台，不仅解决了众多中小企业的问题，也为社会创造了很多的就业机会。

为此，马云总结道：“我们要让中小企业真正赚到钱，要让中小企业有更多的后继者。我们国家有十三四亿的人口，20年以后可能会有很多人因各种各样的原因而失业，我希望电子商务能够为更多的人提供就业机会。有就业机会，社会就会稳定，家庭就会稳定，事业就会有发展。”

在阿里巴巴，一个人的使命感是由企业所肩负的使命而产生几的一种经营原动力，使命也就是做事情最深层次的目的。也正是基于这一点，马云说：“每一个企业都要承担社会责任，并把这份责任贯穿到企业的工作中去。而企业的使命感不仅仅拥有统一思想、凝聚人心、统一行动、提高效率、减少交流成本、激发员工斗志的力量，它更是企业的血液、基因和品格。”

阿里巴巴上市后，马云又投资海外市场。他指明，阿里巴巴发展B2B业务，是为那些从事“中国制造”、利润微薄没有实力进行海外营销的中小企业提供更低成本和更高效率的对外贸易平台。而这一举动，正是奉行了“让天下没有难做的生意”这一使命，也正是因为马云对这一使命的坚持，才能使阿里巴巴不断向前发展。

第 03 章

恪守信誉的人

——阿里巴巴是有责任感的

在某种程度上，广泛的社会资源、良好的社会关系的确可以提高人们的办事效率和成功几率。然而，在阿里巴巴，如果你也一味地追求一切靠关系，而不注重信誉和产品质量，那么最后自己必将葬送于对关系的依赖中。

阿里巴巴做事不信“关系”

“关系”一直以来就被中国人看得非常重要，比如办事情找关系，买稀缺东西靠关系，找工作托关系等等。2005年4月6日，新东方校长俞敏洪在《创业英雄会》上演讲时就曾提醒人们：“不要抱怨这个社会是要靠关系的，不要抱怨这个社会不公平，既然有这么多不公平，我和马云又是怎么走出来的呢？”

同样，马云在《赢在中国》这样评点选手：“我没有关系，也没有钱，我是一点点起来的。我相信关系特别不可靠，做生意不能凭关系，也不能凭小聪明，做生意最重要的是你要明白客户需要什么，要实实在在地创造价值，坚持下去。这世界最不可靠的东西就是关系。”

马云之所以会说出这样的话，绝对是有道理的，也许正是马云这么多年闯荡商海的经验之谈。

事实上，在阿里巴巴的发展过程中，上海和广东的两位省级一把手都对马云寄予了足够的关注，这样的关系看起来应该可以让马云得到足够的好处。而事实上，马云也的确想利用一下关系来发展阿里巴巴。于是，他在上海淮海路租了一个很大的办公室，装扮得也很漂亮。然而，当他开始运作的时候，他才发现，根本就招聘不到企业发展所需要的专业人才。最后，马云决定从上海撤离，返回杭州。

马云表示：感觉当时的上海怕我们这样的新创公司。他说：“因为上海比较喜欢跨国公司，喜欢世界500强，只要是世界500强就有发展。但是如果是民营企业刚刚起步，最好别来上海。”让马云感触最深的是，在上海人看来，“我们都是乡下人”。

当然，在此之前，还有一次，让马云因为靠关系而栽了跟头。

那还是在1996年年初，中国黄页正面临着资金匮乏、资源匮乏、信息萎靡等问题的困扰，曾经一度连员工的工资都发不出来。中国黄页处于内外夹击中，为了活下去，马云决定找一个靠山，因此选择了和杭州电信合作。但不久，双方就出现了分歧。双方由于定位不同，矛盾日益加深，马云提出的所有经营方案几乎都被大股东否决。再也无法忍受的马云，愤然提出辞职。

在后来，有人提议争取风险投资，马云更是一言否定，他说：“不要相信关系，世界上最靠不住的就是关系，你需要做的就是保证客户的真诚度和满意度。”历尽风雨沧桑的马云对这句话有很深的认识，从他的语气中就可以明显地感觉出来。所以，在阿里巴巴人的潜意识里，关系是最不可靠的。

确实，如果在阿里巴巴把一切成败都寄托在关系和人情上，实际上就是想绕过一切正常的管理规范和法律法规，取得某种凌驾于制度之上的特权，从而获取具有垄断意义的机会和利润。事实上，这样的人，往往忽略了在阿里巴巴最基本的使命感和价值观，即使他靠关系取得了一时的成绩，但这种做法终究不是长远之计。

网上曾经流行一句话：20世纪80年代挣钱靠勇气，90年代靠关系，现在必须靠知识能力。确实，在某种程度上，关系可以帮助一个人成功，但是如果过分迷恋关系，那么这个人终将会失败。因为关系不是一个人的核心竞争力，关系随时都会消失。所以在阿里巴巴，要相信自己的实力和努力，千万不要迷信“关系”。

马云用诚信来经营品牌

有人说：普通的推销员推销的是产品，高明的推销者推销的是需求，伟大的推销者推销的是诚信和使命感。马云无疑是一个伟大的推销者。在向世人宣传阿里巴巴的时候，他做了不少演讲。但是，在每次演讲中，唯一不变的内容就是，他不断地向人们灌输这样一种观念：做企业首先要讲诚信，要有使命感。

在《赢在中国》，一位选手的参赛内容是：做信用服务网，建立企业商家的信用档案，通过全国的信息资源建立自己的信息中心帮助客户寻找客户，同时对此信息进行贸易撮合，使网下服务延伸到每个商人之间。

对此，马云却做了这样的点评，他说："诚信不是一种销售，不是一种高深空洞的理念，是实实在在的言出必行，点点滴滴的细节，诚信不能拿来销售，不能拿来做概念。"

有很多商家，嘴里讲着诚信，但当真正遇到和自己的实际利益有冲突时，便会把诚信丢到一边。

在国内，达芬奇家具售价高得惊人，一个单人床能卖到10多万元，一套沙发能卖到30多万。之所以能将这些家具卖到如此高的价格，达芬奇的销售人员说是因为他们销售的是100%意大利生产的"国际超级品牌"，而且使用的原料是没有污染的"天然的高品质原料"。

然而，让人们万万没想到的是，2011年7月10日，央视《每周质量报告》播出了《达芬奇天价家具"洋品牌"身份被指造假》。

报道说，达芬奇公司销售的这些天价家具有相当一部分根本就不是意大利生产的，所用的原料也不是达芬奇公司宣称的名贵实木，经过检测，消费者购买的达芬奇家具有些甚至被判定为不合格产品。因此，达芬奇家具这座曾经屹立的品牌大厦轰然坍塌。

实践表明，诚实守信，会让你收获丰厚的回报和发展的希望；利欲熏心，欺诈行事，只能使企业走向衰败和消亡。

博士眼镜的总裁范勤曾在一次访谈中说："看到很多有一定名气的公司出现诚信问题，作为企业经营者，我感到非常痛心。"实际上企业的成长过程非常艰辛，企业家也为此付出了很多。这类事件本身对企业的打击很大，很可能永远都翻不了身。

的确，一家企业，如果不以诚信作原则，没有明确、长远的发展规划，只是追逐眼前的利益，这样的企业必将走向失败，它也只是白白地消耗精力和财力而已。

在阿里巴巴，马云一直坚持以诚信为本。而且除了自己对客户言出必行之外，他还鼓励自己的客户用诚信来经营品牌，并且在阿里巴巴推出诚信通，在淘宝推出支付宝，以保证客户对消费者的诚信。

如今，支付宝在多个行业都取得了不错的佳绩。51666 城市商旅网作为国内最大的机票销售平台，已经跟支付宝全面开展合作，为了能打通资金链，方便买家购票，方便商家资金流通，51666 城市商旅网还带动了其上下游的商家加入支付宝；中国最大的网络游戏运营商之一——第九城市，已经在包括 B2B 和 B2C 的支付业务上全面使用支付宝，第九城市旗下的《奇迹世界》等多款网游的玩家，都可以使用支付宝享受在线充值服务；作为目前国内最大的 B2B 点卡供应平台——卡易售，也充分地使用支付宝来顺利实现进货和供货。

根据第三方披露的数字，截至 2007 年 12 月 31 日，支付宝注册用户数已突破6200万。仅2007年一年，支付宝所产生的支付流量已经超过了2006年全国第三方支付企业网上支付的流量总和。

支付宝作为国内第三方支付企业的佼佼者，已成为中国第三方电子支付的重要样本，而“支付宝加淘宝”方式的网上支付企业模式也成为了一些支付企业的参考标本。

“诚信不是一种销售，不是一种高深空洞的理念，是实实在在的言出必行，点点滴滴的细节，诚信不能拿来销售，不能拿来做概念！”这是马云的经典语录，也是很多阿里巴巴员工所奉行的座右铭。

懂得用诚信让企业“富”起来

在为中国指明发展方针的时候，邓小平同志说让一部分人先富起来。事实上，这里所指的一部分人就是那些“诚实劳动”的人。而在如今的商界，马云意识到，许多中小企业都缺乏一套完整的信用体系，也许今天还好好的，可明天就会关门。于是，为了解决这一问题，阿里巴巴推出了收费会员服务。马云说：“我们将给每一位付费会员建立一套网上资信体系。我们将建立阿里巴巴信用制度，和许多第三方公司合作。”

与此同时，阿里巴巴的诚信通诞生了。诚信通推出之后，马云宣称：“让诚信的人先富起来。”很多人都在多年后赞赏这一战略的远见，但在当时，并不是所有人都买马云所谓“诚信”的账。

对马云来说，这是一次痛苦的战略进攻。在2001年的一次新闻发布会上，马云甚至有点痛苦地说：“我们已经这么做了，我们还要坚定地做下去。

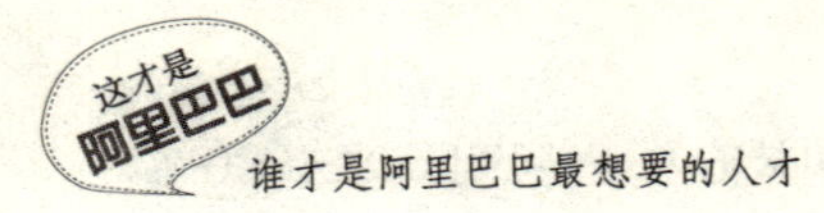

我们宁可让会员减少2/3，甚至更多，也要坚定地把网上诚信体系推行下去。因为真正的电子商务必须是由有信誉的商人积累起来的。阿里巴巴是全球商人的网站，我们不要量；我们首先强调的是质，没有质，再大的量也没有意思。”

在2001年的温州会员见面会上，马云又一次重申：“我可以告诉各位，你不同意我的说法，没关系，我们不需要所有的人都同意我们的想法，有部分人同意我们就可以了。让一部分人先富起来，这很重要。我到北大演讲的时候，很多人都同意我的观点，也有很多人批评我们。阿里巴巴永远不会帮助那些连电脑都不买的企业，这些企业就应该让它们死掉。我们没有必要去做普及，没有必要去帮它们把电脑配好，然后教它们怎么做……我们的策略不是去拉更多的会员，而是要把已经在阿里巴巴使用我们服务的会员服务好，我们更愿意把钱投到会员身上，会员好了，我们才会好，会员是最好的宣传者。”

虽然刚开始遭受到人们的质疑，但是，随着时间的考验，越来越多的人成为“诚信通”会员，这是一个不争的事实。

“诚信通”在有形方面是一个软件，而更重要的是其无形的价值，它承载着诚信的记录和评价。因此，“诚信通”也是一种信用评价机制，是一种扬善惩恶的机制，阿里巴巴会用优先排名、向其他客户推荐等方式来奖励那些诚信记录好的用户。

“诚信通”与中国工商银行及另外几家商业调查机构合作调查会员的信用，这使得通过阿里巴巴达成的交易更让人放心。因此，“诚信通”的会员比普通会员的成交量大十倍。此后，阿里巴巴还推出了“诚信通”的英文版，在客户中的反映很好，两周之内的订单就超过了200份。因为“诚信通”的缘故，这些订单的覆盖面很广，包括10几个国家，有美国、新加坡、日本、韩国、加拿大、德国等。

2002年3月10日，阿里巴巴开始在国内全面推行“诚信通”计划，首创企业间网上信用商务平台。但诚信的建设不是一蹴而就的事情，它需要一个长期的过程，而中国电子商务的安全问题已经成为制约电子商务进一步发展的最大障碍。要解决电子商务的安全问题，首先要解决电子商务交易的支付环节。

到2005年，当淘宝再次推出“支付宝”的时候，人们依然用质疑的眼光来看待马云的这一举动。但是，马云却大胆地为中国电子商务做了这样一个“预言”：“2005年将是中国电子商务的安全支付年。电子商务，首先应该是安全的电子商务，一个没有安全保障的电子商务环境，是无真正的诚信和信任可言的。而要解决安全问题，就必须先从交易环节入手，彻底解决支付问题。不解决安全支付的问题，就不会有真正的电子商务可言。”

在马云看来，对一个公司而言，如何面对客户的诚信质疑是一个战略问题，解决这一问题要有沟通技巧，更要有一个实实在在的解决方案。而他所推出的“诚信通”和“支付宝”，正是一个能够有效解决这一问题的工具。

马云说：“三年前，人们认为‘诚信通’不可能成功。三年以后，我们做出了一点成绩。我们的使命就是让诚信的商人先富起来，而‘诚信通’就是给诚信的商人特有的服务。我觉得，只有让更多的客户拥有公平的市场机制，才能让诚信的商人富起来。只有客户成功了，我们才有可能成功。三年来，我们一直没有做广告，我们要把竞拍这样的广告形式留给我们自己的客户。这样的社会意义会很大，因为我们担负着社会责任，而不仅仅是赚钱。”

2005年，当再次接受网友问答的时候，马云说：“我们推出‘支付宝’的这段时间，收入已经达到每天几百万了。既然有这么多钱进账，那就说明现在已是应该大胆推出它的时候了。”“支付宝”能最大程度地给予交易双方安全性保障，降低双方的成交风险。买家更加省心，因为收货后卖家才能

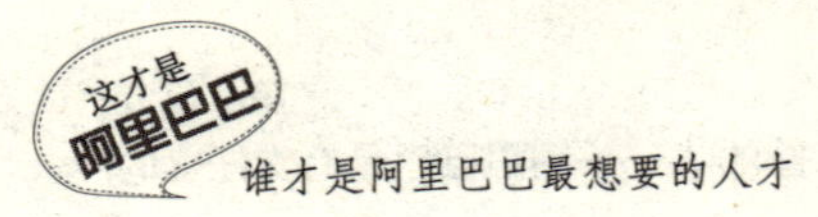

拿到钱，所以不会发生货款被骗的事情；而对卖家而言，使用“支付宝”的卖家更能获得买家的信任，交易资金实时划拨，只需通过网络、点点鼠标就可完成交易，不用每次都跑到银行查账，管理账目也更轻松。

在淘宝网的商品中，70%都要求使用“支付宝”，而且大额交易几乎全部是通过“支付宝”进行的。据有关人员透露，珠海和上海两个用户就是通过“支付宝”完成了一笔50万元的珠宝生意；还有一个厦门买家通过“支付宝”在淘宝上购买了一辆30多万元的别克轿车。而且由于“支付宝”的方便，很多异地租房的用户甚至通过“支付宝”来月付房租。

此外，“支付宝”还推出了“全额赔付”制度，对于使用“支付宝”而受骗遭受损失的用户，“支付宝”将全部赔偿其损失。这在国内电子商务网站中还是首例。

诚信，一直是马云所倡导的，更是对阿里巴巴所有员工的素质要求。在支付宝推出以后，马云最大的愿望就是，能够像美国那样解决电子商务的交易问题，希望“支付宝”能够承担类似的职责，能够帮助中国电子商务进行安全的交易。

对社会负责，对员工负责

在刚踏入互联网行业的时候，马云就说：“饿死也不做游戏。”在他看来，如果孩子们都来玩游戏，国家将来怎么办？而电子商务则不同，它可以帮助中国的中小企业建立网上交易平台，还可以解决一部分中国人的就业问题。因此，马云选择了电子商务。

在马云看来，做生意不能光想着赚钱，他觉得，社会责任一定要融入到企业的核心价值体系和商业模式中，才能行之久远。换言之，一个企业的产品和服务必须对社会负责。如果卖的产品和提供的服务对社会有害，做得再成功也不行。

事实上，“企业家的社会责任”一向是全球企业界的热门话题之一。最近一两年，国内企业界也开始频频将“社会责任”作为企业家评价体系中一个核心的考量指标。但关于什么是社会责任，却往往众说纷纭，莫衷一是。有的将社会责任转化为慈善、捐款等外在举动；有的则将其归于关乎企业家道德水准的抽象范畴。

对此，马云却给出了一个完全不同的定义，他说：“社会责任不该是一个空的概念，也不单纯局限于慈善、捐款，而是与企业的价值观、用人机制、商业模式等息息相关的。做企业赚钱，赚很多的钱，许多人都这么想。但这不是阿里巴巴的目的。让员工快乐工作，让用户得到满意服务，让社会感觉到我们存在的价值，这才是阿里巴巴的社会责任感所在；至于赚钱和社会回报，那是水到渠成的事。”

马云坚信，电子商务一定会改变社会，赚钱的游戏是任何社会都玩不腻的健康游戏，阿里巴巴的产品和服务必须为中小型企业所喜欢。也正因为如此，马云才公开表示，阿里巴巴有再多的钱也不会投资网络游戏，而在收购雅虎中国后，他更是直接砍掉了虽然很赚钱但鱼龙混杂、泥沙俱下的短信业务。

马云表示，一个企业也有三个代表，第一代表客户的利益，第二代表员工的利益，第三个代表才是股东利益。先客户，再员工，最后才是股东，这三个次序不可以颠倒。

因此，在员工身上，马云也从不含糊，他一直强调要让员工认真生活、快乐工作。马云认为，员工工作的目的不仅包括一份满意的薪水和一个好

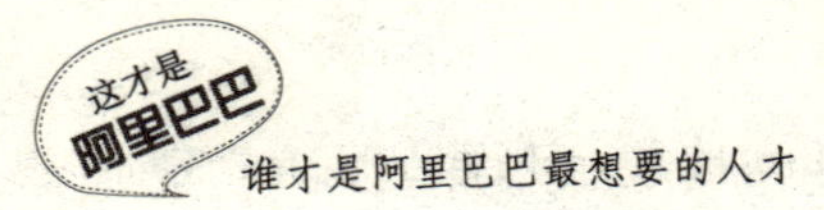

的工作环境，也包括在企业中能快乐地工作。事实上，马云曾不止一次在公众场合的讲话中强调，阿里巴巴最大的财富就是阿里人，不能快乐地工作就是对自己不负责任。

“阿里巴巴每年至少要把花很多的精力和财力用在改善员工办公环境和员工培养上。”阿里巴巴人事部经理陈莉如是说。“阿里巴巴对员工的工作时间没有严格的打卡要求，只要完成工作任务随便什么时候上下班。像IT业，研发性的工作用脑量大，员工常处于紧张繁忙的状态。提供优雅一点的工作环境，可以让员工心情舒畅，开心工作。”

这可能就是一般企业人才流动率高达10%~15%，而阿里巴巴连续数年的跳槽率仍然能控制在3.3%的根本原因。

在员工的待遇上，从2007年阿里巴巴上市后数千员工身价过百万，我们就可见一斑。据有关人员透露，原本马云并不急于上市集资，而最终在香港主板上市，最大原因是为回馈员工，履行公司上市给予员工套现的承诺。阿里巴巴上市后，约有4900名员工有持股，并且绝大部分都在一夜之间成了百万富翁。

公司管理团队、18位创办人及逾100名嘉宾出席了阿里巴巴的上市仪式，公司首席执行官卫哲表示：“我们在港上市是公司的一个重要里程碑。阿里巴巴成立于1999年，目的是为帮助全球的中小型企业通过互联网发展它们的业务。今天，我们已成为一家上市公司，但我们的目标依然不会改变。我们将利用上市所带来的资源及品牌知名度扩大我们的会员小区，为它们的业务增添更多的价值。”

谈到未来的目标，马云再次强调他在阿里巴巴10周年庆典、纪念活动时说过的一番话：“第一，我们希望为全球1000万家小企业提供一个生存、成长和发展的平台；第二，我们希望为全球解决1亿人的就业问题；第三，我们希望在全球培育10亿消费者，为他们的消费需求服务。”

可以说，马云最成功的地方就在于，他是在企业使命、价值观层面上发挥领导力的，而不是简单地带领员工去实现目标、利润。而在马云的感召下，阿里巴巴团队同马云一起，致力于打造中国最好的企业。B2B 模式让数千万中小企业打破了来自时间、空间的限制，让它们在一个简单实用的平台上找到了产业链的上下家，不仅由此改变了自己的命运，也提升了整个中国的中小企业阶层在国际上的声誉，同时也推动阿里巴巴顺理成章地成为了最大的电子商务企业。

守时的人才有被重用的机会

守时，既是对自己的尊重，也是对他人的负责，更是一种美德。在阿里巴巴，更是一种资本！

“时间有什么神奇的呢？日出日落天天如此啊！”“每天不都是朝九晚五的八个小时吗？真是烦人呀！”“守时？今天干不完还有明天，反正日子还长着呢！”

是的，时间对于一个平庸者来说，是一种漫长的煎熬，烦还烦不过来呢，又怎么会“关心”它？但对阿里巴巴这样的公司来说，时间就是最为重要的、决不可浪费的成本！

阿里巴巴的员工都具有极强的时间观念。也可以说，守时是阿里巴巴在录用员工和进行职业培训乃至晋升的重要内容和衡量标准。

大学毕业以后，对阿里巴巴憧憬已久的阿云参加了阿里巴巴的招聘考试。经过层层的筛选和激烈的竞争，阿云终于顺利地成为阿里巴巴公

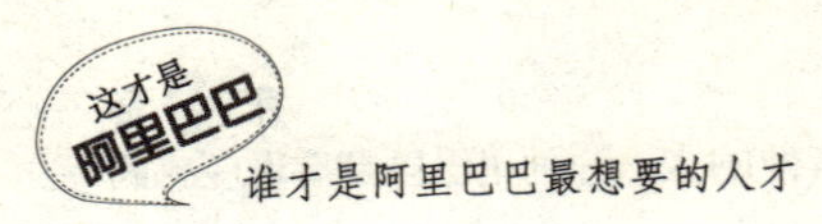

司的一名正式员工。在新员工的培训会议上，和所有的新同事一样，阿云紧张而兴奋地坐在下面。大家都希望早一点了解阿里巴巴在员工管理上的秘诀到底是什么。令所有新员工意外的是，负责培训的主管只说了一句话：

“作为一名阿里巴巴的正式职员，我们首先要求大家做到的，也是成为一个优秀员工最重要的一条：不管做什么事，你都要及时解决！”

难道大家企盼的成功秘诀就这么简单？是的，就是这么简单！虽然有些不可思议。对于如此简单、朴素的要求——不管做什么事，你都要及时去解决！可是又有几个员工数年、数十年如一日地能坚持做到？

马云曾告诫他的员工：“永远不要把今天的工作留到明天去做！如果你总是指望‘明天’那么你已经失败了——因为明天之后总还有另一个‘明天’。而阿里巴巴的优秀员工都是从今天、从现在做起的！”

所以，在阿里巴巴，你别无选择，只有抓住现在有限的时光，因为这是你能够有所作为的唯一时刻！而拖延则是成功的最大劲敌，是工作中最不可饶恕的恶习，任何拖延的理由都是懒惰者的借口！

“忙碌了一整天，我都快要累死了，这点资料还是留到明天再处理吧！”

“这个事情太繁琐了，反正不着急，还是留到以后再做吧！”

“我发誓，从明天开始，我一定会做得更好。”

……

很多员工都在为自己的拖延找各种各样的理由，其实任何拖延的理由都是可笑的借口而已！千万别把任何计划的起点都定在明天，因为在你为明天的种种“美好”而打算的时候，无意当中已经给自己找了一个拖延的借口——时间已经在你有意无意地拖延中悄悄流逝了！

职场上的情况瞬息万变，今天的工作没有处理好，拖到了明天解决起来可能就会更困难，而且可能衍生出一连串的其它问题。当然明天还会有新的工作要做。让事情一天压一天——长此以往，你每天都处在繁重的处理不完的工作压力下，工作就会变成沉重的包袱。而拖延，就是勒在你脖子上的绳索，让你不堪重负，让你喘不过气来！

在创业之初，马云习惯经常在空余时间巡视一下自己的公司。

一天深夜，他发现一间办公室的灯还亮着，马云以为员工下班的时候忘记了随手关灯。

当他打开办公室门的时候，一位女士正在打字机前忙碌。

马云轻咳了一声。

“因为临时多了一些材料，所以我留下来打算做完。”女士看到马云说。

“您为什么不等明天上班继续做。”马云问。

“因为这是今天的工作，我必须今天做完！”女员工毫不犹豫地说。

马云深深地被这位女员工感动了，感动他的不仅是她对工作负责的态度，更是她毫不拖延时间的作风！

后来，这位员工成了一个部门主管。“马上就去做”、“今天的工作绝不拖到明天”也作为一种企业文化，被阿里巴巴传承了下来。阿里巴巴的员工总是一遍又一遍，甚至每时每刻都在重复这句话，直到它好比呼吸一般，成为一种赖以生存的本能，成为一种终生相伴的习惯！

所以，在阿里巴巴，千万别试图为自己寻找任何拖延的理由——尽管可以毫不费力地找出成千上万；在阿里巴巴，凡是能找到可以拖延的理由都绝对是借口！

冷静而理智地面对金钱的诱惑

处于市场经济之中，盈利就是企业的使命，挣钱就是企业存在的价值。钱的魅力实在是大得不得了。但这并不是说钱越多越好，这要分什么情况，在不需要的时候，人要对钱有一种敬畏感，面对诱惑要理智要清醒。

在阿里巴巴的初创时期，作为网络公司最大的问题就是钱的问题，他们一共有大家伙凑来的五十万元钱，所以他们每买一样东西的时候都要讨价还价。最便宜的家具市场他们去过不知多少次，买一张桌子都是从 180 元钱杀到 135 元钱，还要让人家免费给他们送回来，因为他们付不起 10 元钱的三轮车费。这时的马云的确很缺钱,他深知钱的重要性。后来经过努力，在公司做得有点眉目的时候，各路的风险投资纷纷把钱送上门来，但马云没有为此就忘乎所以。他说：“我并不看重钱，我看重钱背后的，我看重这个风险资金能够给我们带来除了钱以外的东西，这是我最关注的。而且风险基金到底能够帮助我什么，它是不是有这样的能力，是不是有这样的人专门为我们服务，这个我很关心。所以我挑剔风险资金的程度绝对不亚于风险资金挑剔项目，我可能比它们还过分一点。”

第一个找马云的是浙江的一家企业，这家投资商说“我们可不可以合作一下，我给你 100 万，明年你还我们 110 万”。马云说“你比银行还黑”。那时国有企业对风险投资的意识还没有建立起来。有些风险资本进来，他们考问马云很多，你们现在怎么做？将来怎么做？怎么样怎么样……等他们考问完以后，轮到马云考问他们了：你倒说说看，除了钱以外，你还给我带来什么东西？他们如果说不出来，马云就会把他们拒绝掉。

很多人认为钱越多越好，而马云认为，很多人犯错误不是因为没有钱，而是因为有太多的钱，不知道应该干什么。网络公司这两年就是因为钱太多了，他们必须把这些钱花出去，投资者也在发疯，大家都这么做。

后来由于蔡崇信的加盟引起了香港投资界很大的震动。香港的汇亚基金是最早到阿里巴巴来考察的，汇亚基金考察公司时差点把他们家里的地毯一寸一寸地检查一遍，他们的考察包括马云的历史、马云的现在、阿里巴巴员工素质怎么样等等。

汇亚基金的确是一个传统的投资企业，非常谨慎。以前有人跟马云说要找亚洲汇亚投资可能性不是很大，他们光调查就要半年时间。马云想半年以后公司早就没了，但来了总是客，就跟他一点一点谈，最后马云也烦了。全部谈好了以后他们说马云你得到香港给我们董事会去作一次报告，如果你说不服我们董事会的话，你的投资是没有希望的。

当时阿里巴巴需要的投资是300万美元，这300万美元恐怕就是今天马云听起来也是挺怕的，他说自己最怕的就是钱，他这个人没钱惯了，一下子有钱了心里面倒满慌的，300万美元在那个时候对他来说是很多很多钱了。汇亚投资方面说要他去香港，马云也脑袋一拍就去了香港。记得他们在香港这次投资会是一天下午五点半开始的，汇亚集团在香港、新加坡、美国、台湾的很多主管和董事都坐在一起听马云做投资申请介绍。马云壮着胆子想，谁怕谁呀，最多弄不到钱就是了。随后他就慷慨激昂地讲起了阿里巴巴的现在和未来。马云讲了大约30分钟，底下的人一点声音都没有。然后他们的董事长走过来，笑着对马云说：马云我跟你商量一件事，我给你500万美元。当时，500万美元可是个天文数字，他们库存里最多还有两三万元钱了。

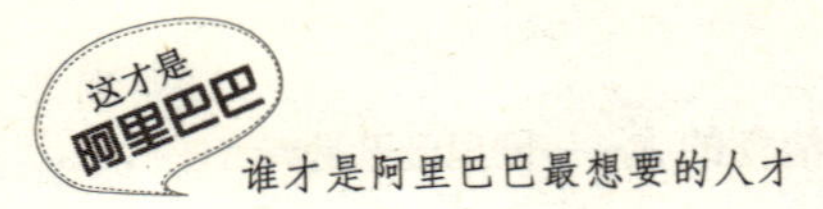

但最后，双方还是由于合作的条件没谈好，阿里巴巴说了NO。马云这个人就是这样，不合自己意的事就一概拒绝。说来也怪，这件事以后，谈判的条件就开始发生了转换，阿里巴巴越来越主动，直到他们可以控制局面。

第二天，马云就飞往硅谷，在美国硅谷很多基金跟马云表示要投资阿里巴巴，可马云却一直板着脸说NO，这是最牛气的一个礼拜。

马云的体会是，在找投资者的时候比找老婆还难，一定要小心，不要光找漂亮的，关键是她要跟你同甘共苦，在最困难的时候她说我跟你一起奋斗。这是最最重要的。

1999年10月26日，拒绝38家风险投资后，马云接受了以高盛为首，包括富达(Fidelity Capital)和新加坡的政府科技发展基金，以及Invest AB，向阿里巴巴注入的首期500万美元的风险投资。而在此之前，高盛公司从不投第一轮，更不在第一轮中占大股。高盛公司认为，阿里巴巴是高盛在亚洲开展投资以来的第一家一流的投资对象。他们曾经帮助IBM、帮助微软成为了世界上最伟大的公司。这第一次对亚洲公司投资，高盛3分钟之内就决定了。

戏剧化的阿里巴巴第一轮融资，终于在1999年10月以大团圆结局划上圆满句号。当时互联网很热，很多人都想要给阿里巴巴注入资金，但许多投资者都被马云婉拒。马云对他们说对不起，因为他的资金够了。

搞定融资后，马云于10月7日在香港正式宣布推出阿里巴巴。他说，以前的6个月，他们是偷跑：人家还不知道的时候，他们便开跑了。现在可能有人从后面追上来。所以，如果他们跑得不快，就会失败。后面的挑战将更为严峻。

由高盛牵头的500万美元风险资金到了公司账上。马云用这笔钱从香港和美国引进大量的优秀人才。这个时期，也正是马云对外称创业人员只能够担任连长及以下的职位，团长级以上全部由MBA担任的时候。这时，12个人的高管团队中除了马云自己，已经全部来自海外。

“因为有钱，我当时希望有高手进来。”马云说。他坦承，自己其实犯过很多公司都曾犯过的错误，那就是把钱用错了地方，而花钱买人才，买智力，永远不会错。

传奇的融资经历仅仅是个开始，它还需要传奇的人去续写。从来都是花自己钱的马云，在第一次融到钱之后，过惯了苦日子的马云，似乎更懂得如何花钱。马云说他有几点经验支撑他的整个互联网创业史，其中很重要的一点就是曾经没有钱，正是因为曾经没有钱，所以才要让每一分钱都要花得物有所值。在他看来，融资的目的不是学习花钱，而是要学习怎样花钱来做事。

2000年八九月份，马云在北京接到摩根·斯坦利亚洲公司的资深分析师印度人古塔的一个电话，询问了马云有关阿里巴巴想做的事情和融资的一些情况。然后，古塔说我们有没有机会投资你们？马云说我已经定婚了，我不能再另外找个对象，但是我们可以保持一定的朋友关系。一个月后，古塔给马云发了个电子邮件，说有个人想和你秘密见个面，这个人对你一定有用。古塔的语气非常肯定。

就在马云接受高盛为首的投资集团500万美元的投资到位的第二天，马云飞赴北京前去富华大厦赴约，见一位神秘人物。见面才知，那人是IT财团大亨、雅虎最大的股东、全球互联网投资皇帝、Softbank（软银公司）的主席兼行政总裁孙正义！

当时，双方约定在四点半会谈半个小时。秘密约会远不是马云原来想象的两个人，一对一的见面。马云穿的也很随便，结果进去以后发现满满一屋子人朝着他看，马云心里当然也不是很高兴——说好是秘密会见，他却叫了那么多人来。

孙正义这位亚洲首富说他还没听说过阿里巴巴，投射机马上调出阿里巴巴网站的页面。

马云开门见山，便说：我不需要钱，我只想谈谈对阿里巴巴的理解。马云站起来作了几分钟的演讲，介绍阿里巴巴到底是什么和想做什么。

谁知马云刚讲了6分钟，孙正义这位互联网投资公司之王就对马云说：我也不知道阿里巴巴是什么，但是我如果投资一定要30%的股份，你可以继续谈。你要多少钱？

马云说：我昨天刚拿来钱，我不要你的钱，我们可以探讨一下网络的方向。

孙正义说：你不要钱你来找我干什么？

马云说：又不是我要找你，是人家叫我来见你的。

据说，孙正义事后判定阿里巴巴会成为一家和雅虎一样伟大的公司。马云也断定孙正义就是他要与之合作的人。

马云当时的处境是孙正义投资的盘子太大，阿里巴巴网站只是个牙牙学语的孩子，这个孩子有多大的出息，怎么养才会有出息，实在难以估计。原想着高盛拿来的500万美元已经可以对付几年的马云面对孙正义伸出的橄榄枝不知如何应对……当所有在场的人都劝马云接受孙正义的Offer时，孙正义说，“马云是个聪明人，给他一段时间，让他考虑一下”。

要知道软银每年会收到超过700家公司的投资申请，而他们只能选择其中的70家公司进行投资，而孙正义本人呢，只会与其中一家最有潜力的公司亲自谈判。

这次，孙正义选择了马云。孙正义决定投资给阿里巴巴，他的理由是：我坚信，一切成功都是缘于一个梦想和毫无根据的自信……

此后的第三天软银派了一个小组到阿里巴巴公司所在地——湖畔花园，马云的家里来。双方谈了一个回合之后，马云觉得软银并不是很理解他们，而且马云自己也没把握好到底什么时候需要资金。于是马云便把软银的人打发掉了。后来软银又派了几个人来。

马云与孙正义的第二次见面是二十多天后的日本，马云和他的 CFO 蔡崇信一起去的。双方用了大概五六分钟就把事情解决了。

事情的经过是，一见面孙正义就开门见山，单刀直入：怎么成交？马云当时回应了三个条件：第一，希望孙正义本人能够亲自做这个项目。孙正义说：我从来不做任何公司的董事，我就做你的顾问吧。在软银投资的 120 多家互联网公司中，孙正义亲自参与个中事务的只有很少几家，阿里巴巴是其中之一。第二，马云希望用软银自己的基金，孙正义答应用自己的闲钱——软银有很多基金，并且很多基金都是贴上软银的名字，但不是软银的钱。第三，就是金额的多少问题，马云要了孙正义 3000 万美元的投资。6 分钟内，双方就达成协议。

最终孙正义说：记住，今天是历史上最重要的一天，你们是我见过的最漂亮的团队。

可是一回国，马云又反悔了。对于风险投资，马云有自己的独特看法。他认为互联网公司需要足够的钱，但不需要太多的钱。许多公司倒闭就是因为钱太多了。这次，他竟然觉得 3000 万美元太多了，他不需要这么多钱，只需要 2000 万美元。他说：做互联网，我是在赌博，但我只赌自己有把握的事。2000 万美元我是管得了的，钱再多就失去了价值，对公司的发展是不利的，所以我不得不反悔。因此，马云只愿意接受 2000 万美元。

于是，马云跟孙正义写电子邮件解释说，按照我们自己的思路，我们确实只需要 2000 万美元。十五分钟后，马云收到孙正义的回复说：谢谢你提供的机会。我们将使阿里巴巴像雅虎一样成功。放心去做吧。马云这种对钱所保持的理智和尊重，更赢得了孙正义对他的尊重。

马云对钱的这种清醒认识值得效仿。我们见过这样一些人：创业之初资金雄厚，这也许来自父辈的遗产，也许得到了友人的大笔资助。可他不会花。于是盲目地购置房屋、汽车，不切实际地招兵买马，轻率地大上项目，却忘记了学习、掌握干一番事业的真本领、硬功夫。结果，几年过去了，才发现自己并未创造任何价值，只是把原有的积蓄花得差不多了，甚至负债累累。相反，只有那些白手起家、艰难起步的人，才有望收获大发展、大兴旺、大辉煌。

第 04 章

脚踏实地的人

——只有敬业才有阿里巴巴

马云曾经和他的中层领导说："成功就是简单的事情重复做。只有脚踏实地地做好那些看似简单平凡的事，才能不断地成长，不断地实现自己的目标，最终获得成功。"所以阿里巴巴在选择人才时，最看重的是一个人能不能脚踏实地地工作。

要一辈子都在创业的人

马云说："我一直认为人一辈子都在创业。以前深圳有一个口号叫做'二次创业'，我不太同意这个，同一批领导是没有办法二次创业的，因为从第一天创业开始，你就一直在创业。"

马云认为创业者既然选择了创业，就必须一直坚持下去。暂时的失败并不能代表永远的失利；一时的成功也不能代表将来的成功。只有树立远大的理想，并在理想的道路上坚持下去，才能获得最大的成功。

苹果电脑公司创始人、前任CEO史蒂夫·乔布斯21岁时开始创业。最初，他和他的合伙人在一间车库里工作，经历了风风雨雨的10年后，他使"苹果电脑"扩展成了一家员工超过4000人、市价20亿美元的国际大公司。而令人意想不到的是，乔布斯30岁时被自己所创办的公司炒了鱿鱼。乔布斯说："就这样，曾经是我整个成年生活重心的东西一夜之间就不见了，令我一时愕然，走投无路。随后的几个月，我实在不知道要干什么好。我成了公众一个非常负面的示范，我甚至想要离开硅谷。"

其实，就如马云说的，创业者从开始创业的那一天起，就该一直坚持下去。无论是成功，还是失败。就如你选择了出生，就应该生活下去一样。有时候，生活是一种被动，创业也是一种被动，而让这种被动变为主动的唯一方法就是，你要激情昂扬，坚持不懈。

就像乔布斯的经历给我们的启示一样。虽然乔布斯被董事会否定，但他一直热爱的事业并没有否定他，所以乔布斯决定一切从头开始。在接下来的5年里，乔布斯开了一家叫做NEXT的公司和一家叫做Pixar的公司。Pixar取得了很大的成绩，制作出了世界上第一部完全由电脑制作的动画电影——《玩具总动员》。之后，这家公司阴差阳错地被苹果电脑公司买了下来，于是乔布斯又回到了苹果公司。而NeXT发展的技术居然成为了“苹果电脑”后来复兴的核心。

乔布斯曾说：“我敢肯定，如果苹果电脑公司没有开除我，就不会发生这样的事情。这副药虽然很苦，可是它成为了苹果电脑公司——这个‘病人’起死回生的神药。”

要想进入阿里巴巴，做阿里巴巴的员工，一定要谨记马云的这句话，不要让希望在今天磨灭，要一直坚持下去，最后便会拨云见日。

“有时候，很多人都说阿里巴巴如果能成功，无异于把一艘万吨轮船抬到喜马拉雅山上面。我跟我的同事说我们的任务是：把这艘万吨轮船从山顶抬到山脚下。别人怎么说，是没办法的事，但你自己要明白，我要去哪里？我能对社会创造什么价值？创业的时候，我的同事可能流过泪，我的朋友可能流过泪，但我没有，因为流泪没有用。”马云如是说。

虽说在外界看来，今天的阿里巴巴已经非常成功了，但是马云仍然不忘告诫公司员工，要对外界的赞誉置若罔闻，因为他的目标是要做102年。马云说：“如果有一天你上了什么封面，你就当自己上了一个娱乐杂志。不要认为那是成功，成功是很短暂的，背后所付出的代价却是很大很大的。”

马云的这种心理正好非常合理地解释了他最初说的“创业是一辈子的事”。从一开始，阿里巴巴就认为互联网是一个长征。既然选择了，你就坚持吧！“创业者没有退路，最大的失败就是放弃。”

因此，马云毫不犹豫地制定了80年、102年的计划，这一点，又一次印证了马云的长征“心态”。2001年，马云在回答网友提问时说：“互联网是一个新兴的产业，它将改变世界……我相信互联网和电子商务不会在一两年内成功，可能花10年、20年。开始容易，继续难。在这个长征里，只有你的心很坚定，眼界很开阔，才能把高兴和不高兴的事看轻；只有把钱看轻，才能赚到大钱；只有给别人带来价值，才能赚到钱。"

一心一意做一件事

一个人无论他有多大的能耐，多聪慧的头脑，如果在阿里巴巴总是三心二意，一会做这个，一会做那个，或者把精力同时放在几件事情上，最终的结果即使不是失败，他在阿里巴巴也不可能有多成功。

一个人的精力毕竟是有限的，所以奉劝那些立志在阿里巴巴工作的人，要把自己的思想、精力和斗志都集中在一项事业上。只有专心做一件事的人，才能确定一个明确的目标，并集中精力、专心致志地朝这个目标努力。比如伍尔沃斯的目标就是要在全国各地设立一连串的"廉价连锁商店"，于是他把全部精力都花在了这件工作上，最后终于完成了此项目标，而这项目标也使他获得了巨大成就。

在卖掉了海博翻译社，放弃了中国黄页后，马云也曾经自嘲地说："打一枪换一个地方的毛病现在看来该改改了。"于是，他从第一天创立阿里巴巴的时候开始，就想好了自己应该做什么，并且一路坚持到底，不受外界的任何影响。

2003年，阿里巴巴的股东孙正义召集了所有他投资的公司的经营者们开会，给每个人5分钟的时间来陈述自己公司的运营状况。当马云陈述结束后，孙正义做出了这样的评价："马云，你是唯一一个三年前对我说什么，现在还是对我说什么的人。"

这正说明马云在1999年构思阿里巴巴的时候所确立的目标，一直坚持到了今天。马云说："我想告诉大家，获得工作、事业的成功其实很简单，要有一个强烈的欲望，也就是问自己，'我想做什么事情？''我想改变什么事情？'你想清楚之后，要永远坚持这一点。"

在开始创建阿里巴巴之前，马云就判断中国加入WTO是迟早的事，这也意味着中国企业到国外开展业务指日可待。所以，阿里巴巴创立的第一个构思就是，通过互联网帮助中国企业出口，帮助国外企业进入中国。到底要帮助哪些国内企业走出国门呢？马云当时也是认真考虑过的，他认为将来推动中国经济高速发展的主要是中小企业和民营经济，所以阿里巴巴应该帮助那些真正需要帮助的企业。这是马云最早的构思。显然，马云的这个构思在经过了几年的互联网风潮的沉浮之后，不仅没有动摇，反而更加坚定了。或者可以说,这个构思成了马云决定要"专心"做的唯一一件事，这也是阿里巴巴能走到今天，并愈走愈坚定的关键所在。

2005年8月，阿里巴巴完成了对雅虎中国的并购，一时间网络上众说纷纭。有人说，阿里巴巴收购雅虎中国是因为看到百度的股票在上涨，也想在搜索上分一勺羹。于是，在中央电视台经济频道举办的2005中国经济年度人物评选创新论坛上，马云在应北京大学中国经济研究中心的邀请演讲中，再次重申了阿里巴巴对专心一致志地做好一件事的坚决态度，回应了大家的种种揣测。

但是很多人不懂这个道理，总是看到什么生意好做就做什么，结果什么事也没有做成；而成功者则会选择坚持到底，他们在刚刚起步的时候，的确要讲究灵活，但慢慢地，随着生意越来越大，他们一定会有一个比较专注的目标，并且会专心地做好它。

北京五福茶艺馆董事长、北京福丽特中国茶城总经理段云松说："一会儿想干这，一会儿想干那，忙忙碌碌，人很快就老了，结果一事无成。选择是必须的，但选择之后，还得耐得住、挺得住。"就是在这种思想的指引下，段云松一直坚持了下来，在经过多次失败后最终迎来了成功。

对此，正泰集团董事长南存辉也曾经说过："做专才能做精，做精才能做好，做好才能做强，做强才能做大，做大才能做久。"因此，正泰在20年的发展中，能够经得起诱惑，耐得住寂寞，始终围绕高低压电气、输变电设备、自动化仪表等主业，做精做强做大。

你可以把需要做的事想象成一大排抽屉中的一个小抽屉，你的工作只是一次拉开一个抽屉，令人满意地完成抽屉内的工作，然后将抽屉推回去。不要总想着所有的抽屉，而要将精力集中于你已经打开的那个抽屉。一旦你把一个抽屉推回去，就不要再去想它了。

所以，阿里巴巴最喜欢一心一意做一件事的人，在他们看来，这样的人才能将事情做好，做到极致。

懂得"先做好再做大"的道理

马云在《赢在中国》中说：很多人在说自己日后的职业规划时，常常都是"我的梦想是将公司做大做强"、"我的目标是在未来的五年内让公司上市"。的确，这是很多人内心宏伟的蓝图，他们虽然刚刚起家，心中却装着全世界的辉煌。这虽然不是什么坏事，但如果过于沉浸在对成功的幻想中，就会失去务实的精神。所以他告诫阿里巴巴人："一个优秀的项目是做好而不是做大，更需要注重项目细节的可执行性。”

直到今天，如果你打开海博翻译社的主页，还能看到这样一段介绍性的文字：“杭州海博翻译社成立于 1994 年 1 月，由马云先生创立，是一家经工商局正式注册成立的专业翻译机构，也是杭州最早成立的专业翻译社。海博翻译成立之初即成为杭州市公证处指定的翻译社，多年来我们以快捷、准确、保密、周到的服务，深得各公证处的信赖，并被浙江省司法厅公证员协会确定为翻译合作单位。

“翻译社自成立以来，始终把顾客和信誉放在首位，保证质量，服务力求完美，拥有广泛的客户群。我社不仅有好的翻译人员，还有一支精干的业务后勤队伍。十多年来，我们踏踏实实，一步一个脚印走过风雨，与您一起迎接更美好的明天。”

虽然马云已经离开了翻译社，但是马云那种脚踏实地的干劲却始终鼓舞着在翻译社工作的员工们。马云正是这样的一个人，从一开始便能踏踏实实、勤勤恳恳地致力于做好一个小公司。

马云一直认为，初进公司的员工就像是养一个孩子，不能指望他一生下来就能去挣钱养家糊口。你只要不断地给予他营养和知识，让这孩子能够茁壮成长，赚钱是早晚的事情。

那么如何才能像养孩子一样，做好阿里巴巴的员工呢？马云给我们的建议是：

首先，要保持专注。

专注就是有所不为才能有所为，这点非常重要。如果公司的脚跟还没站稳就去追求多元化，别说小公司，大公司也有失败的例子。所以，小公司更应该抓准一个点把它做深、做透，这样才能积累更多的资源。小公司到处试验，会让你的企业耗尽所有的资源。

我们大家都熟知的 3721 网站，他们一直做中文上网、中文搜索，至始至终就做这一件事情，其他诸如百度、Google 都是非常专注做一件事的典范。任何行业要有了一定的积累以后才能横向扩展，而这种积累包括人力、资源、资金，等等。

在我们身边，有很多人工作事业的失败不是因为没有经验、缺少能力……很大一部分是栽在不够专注上，是因为他们总是被自己脑子里那根不安分的神经牵动着，今天在这儿打一口井，明天在那儿打一口井，最后哪儿也没有挖出水，只是在地上留下了许多坑而已。

其次，人才还要有一种胸怀，就是所谓的与时俱进的学习能力。有些人才没有成功就是因为他们太自负，不能从成功人士那里学到一些优点，听不进好的建议。其实，作为一个企业需要的人才，没有经验不可怕，关键是你有没有谦虚、开放学习的心态。

第三，要想把工作做好，要有一定的执行力。

有些人，不做事的时候，总是夸夸其谈，好像自己能撑起一片天来；但临到自己做事时，却往往眼高手低，创意一大堆，也都说得头头是道，但是就是不用实际行动说话。

要知道，想法只是一个开头的方式，是不值钱的。我们坐在这儿一个小时，可以天马行空地弄出几十个想法来，脑子稍微一转，你的思想已经在宇宙走了好几个来回了。行动的成本才是最高的，对一个做事的员工来讲，就是要看自己是不是有这种经验和执行力。同样的想法两个人做，谁的执行力更强，谁的经验更丰富，谁就更容易成功。

最后，你一定不要盲目地去模仿和抄袭大公司的做法。

就拿做网站来说，很多人都在新浪、搜狐做过，他们出来后就会不自觉地按照大公司的做法建立一些工作习惯。但大公司为了稳妥，一般都比较慢。大公司为这个“慢”付得起代价，小公司却没有这个资本。如果你跟大公司做一样的事，它的实力很强，跟它比是没有优势的。

所以，人才的首要任务时把公司让你做的事情做好，以此提高自己的能力，慢慢地你就会知道工作的方向了。实际上，虽然是打工，其实是等于公司在给你“缴”学费，给你一个学习的平台。与此同时，你还可以通过这个平台去积累经验、资源等。等到万事俱备，只欠东风的时候，你再去做更多、更大的事，你就能胜任。

阿里巴巴也注重产品质量

产品的质量是企业生存的根本，是商战制胜的根本，也是一个人求生存、谋发展的根本。事实证明，一个人所选择的项目如果在质量上过不了关，那么无论它有多么美好的前景、多么优惠的服务、多么迷人的外观，都是无济于事的，这个项目最终都会走向失败，这个人也会走向失败。只有搞好质量，才有可能奢谈其他。

马云曾和一位做普洱茶的王姓商人有这么一段对话。

王：“把握普洱茶独产中国却享誉世界的优势，在普洱茶消费热潮增温趋势凸显的现在，用成熟的商业模式完成普洱茶与消费者在接触点的体验。”

马云：“有人跟我讲，喝普洱茶对胃好，茶看起来越脏越好。这个茶是被你们炒大的，还是真的有这么好？”

王：“首先一点，茶行业里的其他茶确实存在‘今年是宝，来年是草’的说法，这是指普洱茶以外的其他茶……从道光年间留到现在的六吨普洱茶，放了几百年，好成什么样，目前没有人说，因为是有价无市的一种噱头吧。”

马云："我的问题是，普洱茶是被炒大的，还是真的有这么好？"

王："我跟您说，真的有这么好，当然也有人在炒。"

马云："重要的一点是普洱茶的质量和品质，有了质量以后策划才可能成功，没有这些东西所有策划都是不成功的。这是我的看法。"

在整个讲的过程中，很少听见产品、质量、服务这些内容，可能有了这些以后，再去做策划会更容易成功，没有这些东西，一切策划都是空的。产品要有过硬的质量保证，这是经商最为根本的东西，也是经商者的良心体现。我们一定要深刻地认识到这一点，在生产经营时，一定要将产品质量放在重中之重的位置上。只有这样，你的产品才有可能赢得消费者的信任，你也才有可能赚到钱。

蒙牛能够有今天，它的产品、体系都是很多企业望尘莫及的。蒙牛能够荣获中国成长企业"百强之冠"，位列"中国乳品行业竞争力第一名"；拥有中国规模最大的"国际示范牧场"，并首次引入挤奶机器人，是中国乳界收奶量最大的农业产业化"第一龙头"；"消费者综合满意度"列同类产品第一名等，这些都是一个企业重视产品质量的最好佐证。

回过头来，我们再看马云，虽然经营的是电子商务，是一种无形产品，但马云对质量依然非常重视。马云说："怎么从细节做起，质量是企业的生命，所有企业都在这么说。"

马云在说这些的同时，也是这么执行的。2004年，掌上灵通、空中网、携程和51job招聘网站先后在纳斯达克挂牌交易；10月，获得6000万美元投资的e龙网站在纳斯达克上市交易，融资6210万美元。但作为B2B龙头的"阿里巴巴"却迟迟没有启动上市程序。

理由很简单，因为马云认为："今年我们刚拿到8000多万美元的私募资金，目前公司不追求向其他领域拓展。上市后不可避免地要应付每个季度的报表，它可能会让我们放弃更长远的策略。对眼下的阿里巴巴而言，做大做强比上市更迫切。我们不缺钱，股东也不急着套现，我们有足够长远的耐心。”

马云常常对他的员工和媒体这样说：“现在的阿里巴巴还不到我想象中的成功。”马云为阿里巴巴勾勒了一幅类似于乌托邦的愿景：以阿里巴巴为平台，逐步将中小企业的销售中心、人事中心、技术中心、支付中心和财务中心都放在上面，其间横亘在B2B、B2C互C2C之间的一切环节都将被打通。那时，阿里巴巴将成为一个虚拟的商务王国，拥有自己的货币、自己的游戏规则、自己的运行体系。

当然，在企业信息化的市场上，有一种现象叫做“炒概念”。然而，纵观那些风云多变的竞争市场,那些“炒概念”的公司往往是首先被“筛选出局”的，这就从另外一个角度反映了企业重视做产品的重要性。所以，告诫那些企图通过投机取巧取得职场业绩或成功的人，有“炒概念”的精力不如踏踏实实地用在做产品上，只有提高产品的质量和性能的能力，你才能在阿里巴巴生存和发展。

能够将简单的事重复做

很多进入阿里巴巴的人，最初总是希望和马云一起干成一番大事业，于是把目标定得很远大，不屑于做一些简单平凡的小事。结果经常会停滞在离成功很远或者只有一步之遥的地方。

海尔总裁张瑞敏说：“把简单的事做好就是不简单，把平凡的事做好就是不平凡。”

其实，成功就是简单的事情重复做。只有脚踏实地地做好那些看似简单平凡的事，才能不断地成长，不断地实现自己的目标，最终获得成功。

马云所遵循的正是这样一个规律。在刚刚创办中国黄页的时候，他和他的同伴们凭着一个美国电话和几张图片到处宣传互联网。那时没有高科技，没有复杂的理念、模式，就凭着一个推销员简单的推销方式，逐渐让人们认识到互联网，认识到互联网给人们带来的种种好处。

很多人认为，一个人的成功，很多时候只是偶然。可是，谁又敢说，那不是一种必然？对于一些不起眼的小事情，谁都知道该怎样做，问题在于谁能一直坚持下去。许多人终其一生都在追求伟大，最后，他收获的可能只是失败。谁能想到，其实伟大就存在于你身边的平凡之中呢？

美国标准石油公司里有一位叫阿基勃特的小职员，无论在那儿签单，他总会在自己签名的下方写上“每桶四美元的标准石油”字样，在书信及收据上也不例外，签了名，就一定要写上那几个字。他因此被同事叫作“每桶四美元”，真名反倒没有人叫了。

公司董事长洛克菲勒知道这件事后说：“竟有职员如此努力宣扬公司的声誉，我要见见他。”于是邀请阿基勃特共进晚餐。

后来，洛克菲勒卸任，阿基勃特成了第二任董事长。

一件简单的事情重复做，做到极致也就成功了，这是许多成功人士带给我们的启示。正如汪中求先生在《细节决定成败》一书中所说的：“芸芸众生能做大事的实在太少，多数人的多数情况还是只能做一些具体的事、琐碎的事、单调的事。也许过于平淡，也许鸡毛蒜皮，但这就是工作，是生活，是成就大事不可缺少的基础。”

马云也说：“在学校教书的五年，给我的好处就是，我知道了什么是浮躁，什么是不浮躁，知道了怎么好做点点滴滴。工作一定不能浮躁。”

当初，刚创立阿里巴巴的时候，曾有漫长的三年时间一直在亏损。但是马云明白，成功不是那么容易的事，他和他的团队依然坚持踏踏实实做好每天的日常工作，三年如一日地为每个客户的信赖而奋斗。直到后来，互联网迎来了春天，而之前所做的一切也为阿里巴巴以后的发展打下了坚实的基础。

什么是不简单？能够千百遍地把每一件简单的事情都做好，就是不简单；什么叫不容易？能够把大家公认是非常容易的事情高标准地认真做好，就是不容易。那么怎样做到不简单、不容易呢？

在阿里巴巴的人首先需要清楚地知道自己的梦想和目标。如果你不知道自己真正想要的是什么，那么你想成为阿里巴巴合格的一员就根本无从谈起。第二，在阿里巴巴要定下长期目标，比如五年、十年目标，或者定一个中期目标，比如一年、三年目标；然后，将年度目标分解成半年目标，再分解成季度目标、月目标、周目标；最后，将你的周目标分解成每天要做的事情，然后以此为依据来确定最重要的几件事。

这样定出来的几件事才是对实现我们的梦想和目标最重要的事情。只要我们每天都完成这几件事情，我们的周目标就一定可以达成；只要我们每周都能达成目标，我们每月的目标也一定能达成。依此类推，只要你做到了每天完成最重要的几件事，我们的梦想和目标就能够很快达成！

当然，阿里巴巴人的梦想和目标并不是一成不变的，计划和安排也不是一成不变的，这就需要在不断的实践、行动中适时地调整和改善我们的目标和计划。

工作中有很多事情虽然很简单，但我们仍然不能马虎大意。我们要把它们看作一件需要付出全部热忱、精力和耐心的伟大事业。当你能够把一件简单的事情做得非常好时，你也就变得很不简单、很不平凡了。

世界上没有绝对简单的事，只有把事情简单化了的人。许多人总是不屑于做一些小事、简单的事，总是急功近利地想要一步登天，殊不知，这样往往会摔得很惨。

所以，马云无时无刻不在告诫他的员工，一定要甘于从最简单的事情做起，并赋予自己最高的热忱和耐心，脚踏实地地做下去，只有这样才能迎来最终的成功。

做不浮躁、有耐心的人

马云在与来自全国各地的大学生和青年网友交流、分享成功心得的时候说："要永远去想，我是为五年以后、为十年以后创业，而不是为今天。假如你觉得创业是因为别人今天把这件事做得好我也去做，那么你的成功率就会很低。很多时候我都希望大家既要有激情，更要有耐性。龟兔赛跑的故事我都熟知，我们既要有像兔子一样的速度，也要有像乌龟一样的耐力。你坚持到底，为未来而创业，不是为今天而创业，这样的想法会让你的心情更加平淡，做事也就方便多了。"

马云虽然做事风风火火，但却不是一个浮躁的人，尤其在对待企业的发展上。在观察市场和捕捉信息的时候，他总是比别人快一步；但在做企业内部的产品上，他却总是能不紧不慢，不急不躁地走好每一步。正如他说的："我们必须比兔子跑得快，但又要比乌龟更有耐心。"

的确，如果没有兔子的速度，看准了市场不敢下手，总是犹犹豫豫的，也许时机就会在不经意间被错过；但是，反过来再看乌龟，虽然速度慢了点，

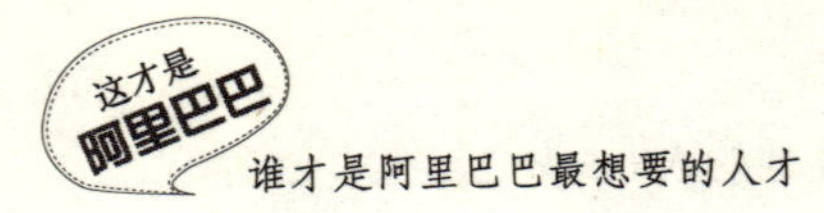

但耐力却是惊人的。龟兔赛跑中的乌龟不仅赢在心态上，还赢在耐力上。

在阿里巴巴，有些人在进入公司初期都是激情四射、豪言壮语，但是在工作的途中，那种激情却随着时间的消逝和困难的出现日渐消退，豪言壮语也随着工作的脚步渐行渐远，直至有一天连他们自己都忘了那些曾经让自己骄傲的话语！

所以，在竞争日益激烈的今天，既然选择了阿里巴巴，心态方面就要保持平衡，不能存在“浮沙筑高台”的心理，要耐得住寂寞，稳中求胜，踏实进取。正所谓“千里之行，始于足下”，就是这个道理。

1999年，互联网在中国掀起了第一轮狂潮，这一年，中国的上网人数达500万。然而在这股狂潮里，马云却是清醒的。马云把当时的市场生动地比喻为：互联网是影响人类未来30年生活的3000米长跑，你必须跑得像兔子一样快，又要像乌龟一样耐心。在前100米中，谁都不是对手，你跑着跑着，跑了四五百米后才能拉开距离。

于是，在这中国互联网呈现出一片欣欣向荣之景的一年里，阿里巴巴却搞起了“闭关锁门”，马云要离开这最“热闹”的地方。1999年，马云带着几个难兄难弟撤回了杭州。回到杭州后他们自己商量决定，几个月内不主动对外宣传，一心一意把网站做好。后来，马云称这一年是他的“闭关”时期。

2000年，阿里巴巴经过了一年的内功修炼，加之接连获得两笔融资，马云才终于认定“时候到了”而开始进行对外宣传。他打造了“西湖论剑”这个汇集全国最精英的互联网新贵的交流平台，并邀请了金庸先生做主持，迅速打响了旗号。

当别的网络公司在风光时期风驰电掣时，阿里巴巴被嘲笑慢似蜗牛；可当他们自己的发展停滞不前时，才惊见于阿里巴巴的快速。“其实我从来都是这种速度”，马云笑称自己是一个精于“控制哲学”的人。由此可以看出，马云一直是比较清醒的，正因如此，阿里巴巴才有了今天的发展。

马云回忆上一轮互联网泡沫破灭时说："2002 年，我的口号是成为最后一个倒下的人，即使跪着，我也得最后倒下。而且，我那时候坚信一点，我困难，有人比我更困难，我难过，对手比我更难过，谁能熬得住，谁就能赢。"

除此之外，马云还提醒自己的客户们，在网上做生意尤其要具有乌龟精神——耐心。无论是对阿里巴巴还是淘宝网，成功因素中最重要的就是信誉和耐心。由于经营的是国际贸易，地域、空间上的无限可能性常常让买家对商品的品质心存忧虑，所以卖家的信誉非常重要，不仅要百分百地保证货源品质，还要耐心地与买方沟通交涉，只有这样才能促成一笔生意。

所以，正在或将要开辟网上贸易的从业者们，不论你的业务是在国内还是国外，都需要注意：做网上贸易业务的人很辛苦，在线时间很长，耐性和耐心是赢得客户的重要法宝。网店上有很多产品都不错，价格也比较合理，但由于不能直接见到货物，客户多少还是会存在一些疑问，这就需要店主与客户做进一步的了解和交流了。

在这个时候，店主千万不能表现出不耐烦，更不能对客户说出"不买就别问"、"问了这么多买还是不买"、"我很忙，不是只有你一个客人，还有别的生意等着我呢"之类的话。如此没有耐心，原本有购买你的产品意向的客户就会放弃，而且今后都不会再买你的产品，还会向他的朋友诉说你的不是。这样一来，你就会因为得罪一个客户而失去许多的潜在客源。

可见，在阿里巴巴，"比兔子跑得快，但又要比乌龟更有耐心"的精神都是必不可少的。

不要满足一时的成就

有些人在刚进入阿里巴巴的时候都会不辞辛苦、不断努力、奋发图强……然而，一旦取得了一些小成绩，就开始得意忘形、自我陶醉、不思进取；还有些人，因为知道工作更加艰难，觉得既然自己手里已经有了那一点可以炫耀的资本，就不用再继续“吃苦”了，于是抱着“守成”的观念，再也不肯为阿里巴巴而努力了。

这样的人，不但让自己从此失去了成长的动力，有时候还会阻碍其他人的前进。因此，眼前的一时成就只可以让你小小地高兴一下，切不可因此而忘记了在阿里巴巴的目标是什么。

和马云同为互联网风云人物的盛大网络创始人陈天桥曾说过这么一段话：“当每天的收入达100万的时候，我觉得它是诱惑，它可以让你安逸下来，让你享受下来，让你成为一个土皇帝。当时我们只有30岁左右，急需要一个人在边上鞭策。就像唐僧西天取经一样，到了女儿国，有美女，有财富，你是停下来还是继续去西天？我们希望有人不断地在边上督促说：‘你应该继续往你取经的地方去，那才是你的理想’。”

陈天桥说的正是马云所主张的，那就是让人不要忘记最初的梦想，不要为一时的成就而迷失。

当年，马云还在教书的时候，他的领导对他说：“马云，好好干。再过一年你就有煤气瓶可以发了，再过两三年你就可能有房子了，再过五年你就能评副教授了。”而马云并没有被这种许诺诱惑。相反，他从领导身上看到了自己以后的样子——每天骑着自行车，去拿牛奶、买菜。

马云说："我当然不是说这种生活不好，只是希望换一种方式。等到在成功的路上越走越远的时候，我发现自己的梦想也变得越来越大、越来越现实了。每个人都有梦想，梦想未必要很大，但一定要真实。"

然而，远大的理想就像《圣经》中的摩西一样，带领着人类走出蛮荒的沙漠进入充满希望、生机勃勃的大陆，进入太平盛世。而那些满足于现有的生活和被困难吓倒的人，往往会停止前进，最终也就无法到达自己梦想的大陆了。

对于那些永不停息地追求自己梦想的人来说，他们总觉得自己身上还存在某些不完美的因素，因而总是渴望着进一步地改善和提高；他们身上洋溢着旺盛的生命力，从不墨守成规，这使得他们总认为任何东西都有改进的余地；这些人是不会陶醉在已有的成就里的，他们会想方设法达到更美好、更充实、更理想的境界，正是这一次次的进步，使他们不断地完善着自我，也完善着人生。因此，马云一直强调："记住你最初的梦想，不要满足于一时的成就。"

阿里巴巴从最初在杭州只有18名创业者成长为在三大洲有20个办事处，拥有超过5000名雇员的公司，但是马云并不满足于此，他提出要把阿里巴巴做成一个102年的企业，做成一个屹立三个世纪不倒的大企业。

然而，作为一个阿里巴巴人，常常会面对诸多的诱惑和困难，如何才能克服一切干扰，而持续追逐自己的最初梦想呢？这个时候，就要求我们要仔细分析和掂量一下坚持梦想的诸般好处了。比如，如果在阿里巴巴不满足于目前的小成绩，就会充实自己、提升自己，将自己的项目做强做大，为社会作出贡献，进而实现自己的人生价值。

另外，小小成就虽然也是一种成就，在阿里巴巴也成为自己安身立命

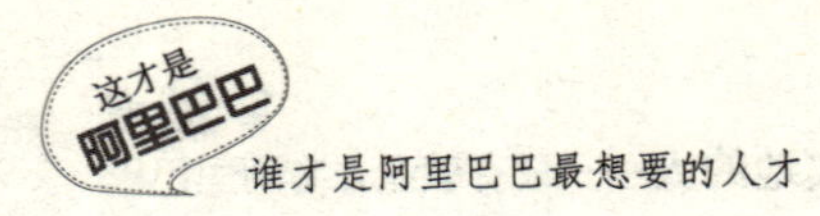

的资本，但社会的变化太快，长江后浪推前浪，如果你在原地踏步，社会的潮流就会把你抛在后头，后来之辈也会从后面赶超你。如此说来，你的“小小成就”在一段时间后也就算不得什么成就了，甚至还有被淘汰的可能。

最主要的是，一个人不满足于目前的成就，积极向高峰攀登，就能使自己的潜力得到充分的发挥。比如说，原本只能挑100斤重担的人，因为不断地练习，进而突破极限，挑起了120斤甚至150斤的重担。因为一个人只要安于现状，就会失去上进求变的动力，没有动力，就无法付诸切实的行动。

一个社会，或者是一个集体或组织，从不会指望一个放任自己随波逐流的人能有什么大作为，因为他们往往是安于现状的。即使他们知道自己体内还有许多潜力可挖，也还是会以各种各样的方式将它白白浪费耗损掉，面对停滞不前的现状他们还是能不为所动、安之若泰。也许他们会有这样那样的收获或成就，但他们永远只能被眼前的小小成就蒙蔽眼睛，看不到山外有山，人外有人。他们只知道拿这些小成就作为自己炫耀的资本，却不知人生还有更多伟大的目标等着去实现。就这样甘于平淡地生活，他们体内潜藏的那点潜能也将因为长久被弃之不用而逐渐荒废消亡。

在阿里巴巴，只有那些不满足于现状，渴望着点点滴滴的进步，时刻希望攀登上更高层次的人生境界，并愿意为此挖掘自身全部潜能的人，才有希望到达成功的巅峰。

有一流的创意更要一流的执行力

一些人总会在别人靠一个新鲜的点子成功后，一拍大腿："哎哟！这不就是我当初的想法吗？"一副后悔莫及的样子。是的，很多人都想把工作做好，但很多人都是"晚上想想千条路，早上起来走原路"。不去执行，一切都是空想。

在阿里巴巴要想取得成功，除了要有不一般的能力，有好的决策计划、好的发展战略外，更重要的是要有好的执行力。这就是为什么很多人既有高水平的技能、新颖的创意，同时又具有搏击商海的果敢和胆识，却偏偏不是阿里巴巴最需要的人。因为他不能很好地执行创意。

事实上，一个好的执行人能够弥补决策方案的不足，但一个完美的决策方案，却会死在差劲的执行过程中。从这个意义上说，执行力是一个人工作事业成败的关键。而这一点，也是马云最关注的。

一次，马云和软银集团总裁孙正义一起探讨了这样一个问题：一流的点子加上三流的执行水平，与三流的点子加上一流的执行水平，哪一个更重要？结果两人一致认同后者。马云的理由是，工业时代的发展是人工的，而在网络经济时代，一切都是信息化的，难以预测。只有一流的执行水平，才能解决三流的点子或者其他原因带来的缺陷。因此在阿里巴巴，决策不是计划出来的，而是"现在、立刻、马上"干出来的。

的确，再好的创意点子，如果无法一步一步扎实地依据计划执行，那这个创意只会被扼杀在摇篮中；而即使没有好的创意，如果能脚踏实地、一步一个脚印地做事，或许也能逐步接近成功。

所谓执行力，它包含了一个系统、组织和团队，要贯彻战略意图，完成预定目标的操作能力；它是一个人的竞争力的核心，是把企业战略、规划转化为效益、成果的关键。而执行力的最高标准就是不能马虎，不能差不多就好，而是要力求完美……

有些人，创意有了，并且也付诸了行动，但是，在执行的过程中，一旦遇到一些难题就打退堂鼓，或者是跟困难状况妥协。如此就会导致计划方案一再变更，最后完全背离最初的创意精神。

还有些人，在执行方案的过程中，总是没有耐心，一旦某件事情不在他预计的时间里完成，他便会耐不住性子，开始今天想这个明天想那个，最终只能导致失败。

另外，在执行方案的过程中，更不能投机取巧、偷懒耍滑，一个人若总是不按剧本演出，无视一些执行过程中不可忽视的环节，就如同搭建了一个地基不稳的大楼，一旦遭遇狂风暴雨就会被瞬间摧毁。

为此，马云常常在不同场合强调，他认为阿里巴巴之所以能够成功，依赖的就是高效率的执行力。并且他常常为能有一支“执行队伍而非想法队伍”而引以为傲。马云说：“执行一个错误的决定总比优柔寡断或者没有决定要好得多，因为在执行过程中你可以有更多的时间和机会去发现并改正错误。”

在整个创建阿里巴巴过程中，马云都以“强劲的执行力”来要求自己的所有员工。在阿里巴巴刚创办的时候，因为阿里巴巴的模式“独特”，几乎没有人认同它的价值，所以公司内部对网站的未来还是充满疑惑的。在这种局面下，当要求技术人员将 BBS 上的每一个帖子检测并分类的时候，有一些技术人员认为这样做将违背互联网精神。但是马云认为只有这样才能让用户方便、快捷地从阿里巴巴的网站上获得需要的信息。

争吵之中，马云发怒了，他尖声大叫："你们立刻、现在、马上去做！立刻！现在！马上！"由于马云的强硬要求，阿里巴巴的发展方向最终确定了下来，并获得了有效的执行。

此后，同样的问题不断在阿里巴巴出现，但都在马云对执行力的"严格要求"下被解决了。比如，2003年，马云提出了阿里巴巴全年盈利1亿元人民币的目标；2004年，马云为阿里巴巴定下了每天盈利100万元人民币的目标；2005年，马云为阿里巴巴定下了每天缴税100万元人民币的目标。虽然很多人对如何实现这样艰巨的任务表示了极大的怀疑，但出人意料的是最终都被落实了。而马云再次把这一切归功于阿里巴巴"一流的执行力"。

凭借马云团队为人所称道的超强执行力，阿里巴巴已经远远甩开了竞争对手，成为业内公认的技术水平高超、认真、执著、有责任心的完美团队。

马云是众多成功的典范之一，这是毋庸置疑的。他所获得的经验不见得能够套用到自己的员工身上，但是，他所说的"一流的创意，三流的执行力；三流的创意，一流的执行力，我宁愿选择后者"绝对是每个阿里巴巴人必须遵循的。

真才实学才是硬道理

很多企业老板喜欢找那些高学历的员工，在他们心里，高学历往往和能力是画等号的。其实，事实并非完全如此。有些高学历的人常常表面上看起来是一副踌躇满志、胸有成竹的样子，而且有些人因为理论知识说的一套一套，给人一种智谋、胆识兼备的感觉。而事实上，这些人却只会纸上谈兵，真正让他们付诸实施的时候，他们却并无实践能力。

就拿马云创办阿里巴巴的经历来说，刚得到高盛的500万美元融资后，他立马着手从海内外知名院校聘请了大量的MBA。然而，一段时间之后，马云发现，这些头顶着高学历头衔的“人才”竟然还不如他原来团队中的“土鳖子”实用。接下来，马云又做了一件让人惊诧的事，他把当初招聘的高材生逐渐清走，最后只留下5%的人。

高学历是一个人知识背景的指标，没有学历，很多事情做起来的确会比较吃力。但是，从另外一方面讲，学历有时候只是一种形式，能力才是真正的金子。企业老板如果只一味要求高学历，而忽视个人的真才实学，就有点本末倒置了。

因此，高明的用人单位一般不会过分看重学历、职称，因为他们需要的是立马能派上用场的人才。是骡子是马，牵出来遛遛，什么都清楚了。对于阿里巴巴来说，最需要的是能够马上进入工作状态的有用人才。因此作为企业老板的马云，在招聘职员的过程中，一定不会唯学历、唯经历是从，而是要唯才是举。也就是说，审核文凭不如考核水平，审核职称不如审核其工作是否称职。一句话，“英雄不问出处”，有用才是唯一的标准。

当然，近年来，有些企业也逐渐认识到了这点，于是，在招聘员工的时候，不再以学历论英雄。值得庆幸的是，一些企业的近五分之一的职位也对大专生打开了大门。例如软金招聘的软件开发工程师、系统维护工程师、软件工程师；大金（中国）投资有限公司招聘的市场开发专员、制图、企业宣传人员；博洛尼招聘的产品研发设计师、加工品研发设计师、研发部总监助理、材料工程师、采购工程师、机械工程师等职位，均把学历起点降至大专。

另外，有技能的高职生被名企录取的例子也屡见不鲜。2006年，松下、冠群中国、中软资源、文思创新等30家国内外知名企业与多位专科毕业生签订了用人协议。

事实上，具有特定专业技能的人才，越来越成为很多企业的“香饽饽”；与之截然不同的是，对于那些没有一技之长的大众型人才，即使顶着高学历的头衔，企业对其的要求也越来越“苛刻”。

当然，我们并不是否定高学历的人才，如果能够学历和能力相互促进，学历越高，能力提升空间就越大；能力越高，体现出的学历价值也越大。而这些人才是每个企业老板都求之不得的。

只是，一个企业用人，如果只是凭着对方的高学历，再附加一些“抱负”、“理想”和所谓的“理念”就委以重任，一旦遇到实际困难，他们就会手足无措，盲目行事，最终给公司带来损失。因此，企业在寻找人才时要多加注意，多用实际问题来考察他们。对于初创企业的经营者来说，在招聘人才时还要克服一些主观障碍。

第一，企业老板不能带着个人的好恶爱憎以及心理偏见和成见来招聘人。

这一点是企业老板在招聘人才时必须要克服的。企业老板在招聘时应该明白这一点：你是在招聘人才而不是选择朋友，所以你必须以应聘者的实际能力为依据，不能以自己的好恶爱憎为评判标准，否则很有可能将第一印象不好而又有真才实学的应聘者淘汰掉，却将第一印象好而没有实际能力的人留下来，这对企业的生存和发展是极其不利的。

第二，企业老板在招聘员工时，不能受对方的资历、资格、学历、现实问题等因素的限制来进行选拔。

某些企业老板非常看重应聘者的学历，对那些高学历、高职称、资历深的应聘者情有独钟。殊不知，在现代这个职称泛滥、文凭泛滥的社会里，

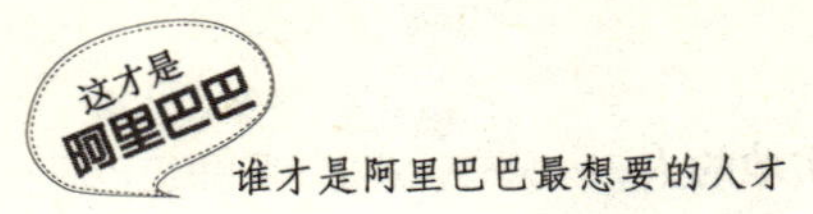

很多人的学历、职称、资历与其能力并不相称。如果过分看重这些表面的东西，往往会导致花了天价招来的却是一些派不上用场的平庸之辈。因此，我们必须对此引起注意。

劳动和社会保障部职业技能认证工作负责人陈先生表示：近年来，职业半衰期越来越短，因此人才也处于不断折旧的过程中。原来高学历、高职称就是人才的旧观念正逐渐被“有能力才是人才”的新观念所取代。

一个人的实际能力并不是时时都和学历成正比的。所以，企业老板在选拔人才的时候，绝不要以学历为标准。高学历不一定具备高能力，低学历也不一定结缘低能力；文凭本身也不必然等同于人才。衡量一个人是否是人才，关键要看他能否胜任工作、创造价值。

第 05 章

善于领导的人

——阿里巴巴需要一个好领导

马云说："客户是我们的父母。在阿里巴巴，组织结构图是倒过来的，最上面是客户，下一排是员工，再下是经理，再下是副总裁，最下面才是我这个 CEO。"这就是阿里巴巴对于一个企业领导者的定位，马云把自己放在了最低的位置上。

懂得通过别人拿结果

马云说："如果你突然发现当了三年领导后，你的水平还是公司里最好的，那你根本就不适合当领导，领导是通过别人拿成果的。"这是马云对于领导者的见解，也是他多年来管理阿里巴巴所信奉的原则。马云说："只有当下面的人超越你的时候，你才是真正的领导。"这句话听来简单，但是很多人却会因为嫉妒心太强而做不来。

在一些企业里，我们常常能发现上级打压下级的现象，他们生怕下属的能力超过自己。但是在阿里巴巴却恰恰相反，马云把更多的精力用在了培养能替他"冲锋"的将领上，而不是自己披挂上阵。

在阿里巴巴的领导班子里，孙彤宇、李琪和金建杭等就是马云一手培养起来的。孙彤宇可以说是追随马云时间最长的人，从1996年马云做"中国黄页"的时候起，就和马云风雨同舟、一起创业。在阿里巴巴成立之初，马云曾说过："我们原来的人现在只能当连长、排长，因为能力不够。公司需要师长，需要军长……"孙彤宇当时就表态："我们有信心将来变成师长、军长。我们需要自己变成军长、师长，每个人都需要成长。"后来，凭借其自身的努力以及阿里巴巴的精心培养，两年后，孙彤宇成为了阿里巴巴的副总裁。

2003年，在秘密打造淘宝的时候，马云又将这个非常重要的任务交给了孙彤宇。孙彤宇成为了淘宝网的总经理，实现了自己当“军长”的理想。当时，原本就是中国国内C2C在线拍卖领域龙头老大的eBay网又与易趣合作，成了业界一大霸主。而马云却决定向eBay这个“巨人”叫板挑战，授命之时，马云问孙彤宇：“什么时候能够超过易趣？”孙彤宇向马云立下了军令状：“三年！”

后来不到半年，淘宝就挺进了全球前100名；到了2005年，淘宝已经占据了中国80%的市场份额，彻底打败了eBay易趣。孙彤宇圆满完成了任务。然而，2006年，孙彤宇带领的技术队伍在淘宝上推出了“招财进宝”，结果遭到了市场的强烈反应，甚至引发了淘宝店主罢市签名活动。对此，马云的回答是：“无论你作出怎样的决定，我都支持你！”孙彤宇宣布取消“招财进宝”活动，风波就此结束。

淘宝使孙彤宇真正成长为了一名合格的“将军”，这一切都离不开马云的培育。

正是在这样的领导作风的指引下，才能把阿里巴巴打造成一个组织健康的企业平台，让每一个员工都融入激情，再加上公平竞争的机会，阿里巴巴就成为了成长最快的企业。

马云不仅致力于培养早期和自己共过患难的公司老将，即便是其他员工，他也能一一挖掘出他们的特长。

2000年，彭翼捷毕业于西安交大外语系，之后来到阿里巴巴工作。当时，彭翼捷还只是一名普通的销售人员，但仅仅7年时间，她就坐到了副总裁的位置上。彭翼捷担任阿里巴巴B2B中国事业部副总裁，管理着阿里巴巴的中国网站以及诚信通高达十亿元的销售额。2007年的“长三角地区互联网经济发展高峰论坛”，彭翼捷代表阿里巴巴发表了“长三角电子商务产业群合作发展”的主题演讲。

有人说，彭翼捷是“坐着火箭上升的”，但这并不是一个偶然。在阿里巴巴，这样的例子不胜枚举：一个普通的前台接待员，经过历练可以成为客服总监；宾馆中的大堂经理可以成为“支付宝”的副总经理……而这些正是得益于马云培养人才的理念，他要把阿里巴巴的每个员工都锻炼成可以独当一面的“先锋官”，让他们代替自己冲到前面去。

关于挖掘内部人才的问题，马云说过这样一句话：“我是这么看，永远要想办法找到在公司内部能够超过你的人。在公司内部找到能够超过自己的人，这就是你发现人才的办法。如果你找不到，问题一定在你身上，你的眼光有问题，你的胸怀有问题，可能你的实力也有问题。”所以在阿里巴巴，任何一位员工只要被认为是“可塑之才”，就会得到公司的大力培养和重用。马云会给“重点培养对象”提供各种培训机会，给他们在不同业务部门轮岗的机会，使他们能够在比较短的时间内接触不同的业务，锻炼各方面的能力。让他们能在不远的未来，代替马云这个领导者冲锋陷阵。

真正的领导是通过别人来拿结果的，马云就是这样的人。因为马云知道，社会是飞速发展的，如果公司的成员停滞不前，必然会被社会淘汰。只有激励员工不断地充电、更新，才能够保证自己在多变的市场竞争中立于不败之地。

另外一方面，授权能够为员工提供学习和成长的机会，从而激励员工的上进心，使他们在工作中获得满足感。如果员工们认为你为他们提供了成长机会，他们的斗志就会被激发出来，然后全身心地投入到工作中去。这也是所有企业领导者应该充分重视起来的！

领导要会用别人的脑袋

相信大家一定都这样认为：马云创办的既然是一家跟互联网有着密不可分关系的公司，那他的网络技术一定很不错。但事实上，马云是一个十足的外行。马云不懂网络，甚至在运用计算机上也只限于收发邮件而已。然而，这样一个网络“低能”是如何领导庞大的阿里巴巴帝国的呢？马云的理论是：外行是可以领导内行的！

在一次访谈中，马云、主持人以及中国入世谈判的首席谈判代表龙永图有过这样一段对话。

主持人：马云先生从事电子商务，但是您本人似乎并不是太懂网络上的技术。

马云：对，我几乎不懂这个网络。到现在为止，我的手提电脑怎么看DVD我都没搞清楚，怎么储存照片，我也不知道。我除了会收发邮件，每天就只是浏览浏览网页，就这两样东西。

主持人：你现在的状态还一直保持这样吗？

马云：还是这样，我觉得这样挺好的。

龙永图：我们两个是一条船上的，找到知音了。

马云：这个没关系，我觉得懂不懂没关系。就像毛泽东不会打枪，却把中国的天下打了下来，这个很重要。你一定要明白你要什么，世界上有很多专家会把你的想法做出来，你要做的就是去尊重他们、理解他们。

龙永图：我好像听说过你有一段关于外行领导内行的高论，说得充满了辩证法。一般来讲，我还是希望内行领导内行。但是如果尊重内行，你这个外行就可以领导好内行；如果你自以为是，你是个外行，却自认为是个内行，这就完了。

马云：今天很多人跟我讲他是互联网的专家，是电子商务的专家。互联网总共才十几年的历史，哪弄出那么多专家出来。大家都是新手，都在学习，我也在学习。我非常同意龙先生的观点，我们讲的就是外行可以领导内行，关键是要尊重内行。我从来不会跟工程师吵架，因为吵也吵不起来。我也不知道他们在说什么，他们也不知道我想干什么。这怎么吵架？我只能认真听。

看完这一段精彩的对话后，我们就应该明白：在阿里巴巴，原来外行的确是可以领导内行的！

大家可能也知道，早前的 IBM 也曾遭遇过一段“濒危期”，是临危受命的郭士纳把 IBM 从困境中“解救”出来的。而郭士纳和马云一样，不懂计算机，他也从未打算进计算机入门班。但是，就是在郭士纳这个外行为 IBM 掌舵的那 9 年里，IBM 持续赢利，股价上涨了 10 倍，成为了全球最赚钱的公司之一。

这是因为什么呢？马云认为，自己不懂没关系，但关键是要尊重内行。他说：“你可以把最优秀的人先请来。比方说你不懂技术，你可以把最优秀的技术人员请来；你不懂财务，可以把最好的财务官请来；你不懂管理，可以把最好的管理者请来。因为我不懂，我永远跟他吵不起架来……只要你有一种胸怀、眼光，你就可以做到。”

其实，外行是完全可以领导内行的。你可以不懂那些专业性的技术。但你一定要懂管理，而且还要在管理上是一位十足的内行。单凭这一点，你就可以成功地领导内行的任何人。

我们都知道，很多公司并不缺少能人和技术天才，但是公司的发展却总不见起色，原因是什么？就是因为这些公司的大多数症结问题不是技术性的问题，而是管理方面的问题。这也正是郭士纳、马云等人敢于领导所谓的内行的关键因素。

另一方面，当一个外行来领导内行的时候，他往往会用更客观的视角、更宽阔的视野来分析问题、解决问题。比如在阿里巴巴，马云自己是一个不懂电脑技术的人，他就会认为大多数的客户也是这样，因而马云会要求技术人员将软件做得越简单、越容易上手越好。

此外，因为是外行，作风就更容易民主；因为不懂，故而能够兼听则明。“不懂”并非缺点，精通有时反成局限。对企业家和职业经理人来说，技术背景很重要，但并不是必不可少的，领导能力才是最重要、最不可缺的。

众所周知，汉高祖刘邦在出谋划策、保障后勤、行军打仗等各方面都不如张良、萧何、韩信这些专家。然而，恰恰就是这个干不了参谋总长、后勤部长或者军队总司令的“外行”，却能得心应手地驾驭、使用张、萧、韩等“人杰”，领导这些“内行”破秦、灭项、“取天下”。

作为领导，如果你是某个行业的外行，你就要勇于承认，这样，你方能以一个外行的立场来尊重并领导阿里巴巴的内行。然而，现在很多人做企业失败的原因就在于自己明明是外行，却不懂装懂，自以为是，从中干涉，最后把内行的人也搞得晕头转向而无法发挥正常的水平，或者因为得不到尊重而自动放弃。

学会当阿里巴巴的“教育官”

在阿里巴巴任首席执行官的马云，在很多媒体或者朋友面前常常自豪地称自己为“首席教育官”。用他的一句话说就是：“阿里巴巴这个平台，除了要创造财富，还要培养人才。”

他是这么说的，也是这么执行的。马云管理自己团队的整个过程都在培养人才。他一直致力于把自己的员工培养成在未来能够独立创办、领导、管理一个伟大企业的创业者，马云认为那才是对社会更大的贡献。

在阿里巴巴内部，马云时刻怀着想让下面的人尽快超越自己的心，正是因为有这样的胸怀，马云的“教育成果”才如此显著。在阿里巴巴，马云大胆让员工独当一面，充当“封疆大吏”，就是为了让手下的团队尽快地超越自己。他用人的原则只有一条，那就是看你的品质、能力，还有你的成长速度。马云心里很清楚：“只有当下面的人超越你的时候，你才是真正的领导。”

“未来几年我就是要做这件事，就是要当老师这个角色，这样更能够发挥我的作用，也更能发挥阿里巴巴的作用。如果未来能做成这个事，那我这辈子就没有白活，阿里巴巴也没白做。”所以，马云为阿里巴巴提出的口号是：阿里巴巴要成为未来企业发展的黄埔军校，要成为未来企业家的摇篮。

马云创业的十年，不仅是他创造财富的十年，也是他培养优秀人才、打造优秀团队的十年。没有一个具体的数字能够说清在这个过程中，马云到底培养了多少人才，但是，马云把阿里巴巴变成了一个大熔炉、一所大学校，并尽力为阿里巴巴、为中国企业培养人才的事实，却是有目共睹的：阿里巴巴的“四大天王”，每人至少能够管理1000元亿人民币以上的资金；“六大金刚”每人能管理500亿元；“十八罗汉”每人管理300亿元；“四十太保”至少10个亿元。而这些，也正是马云所引以为豪的。

在阿里巴巴尚显稚嫩的时候，在残酷的市场竞争中，马云亲手把营销行动的决定权交到了李琪的手上。当时，身为“十八罗汉”之一的李琪是阿里巴巴的技术副总裁，之前从未做过销售。那马云为什么会选择李琪呢?李琪自己如此解释：“以前没做过销售，后来发现很有意思。让我负责，可能是马云觉得我不仅懂技术，而且脑子灵。”

相信马云看中的就是李琪的聪明，因为当时阿里巴巴的大多数人都没做过销售，无论把这一重担交给谁，都将会是一个漫长的培养与教育的过程。选择李琪，是因为马云觉得他是最有可能成为销售精英的“可塑之才”。

马云敢于点将，而李琪也没有辜负马云的期待，在这场生死战中赢得了头彩。正是由于这场营销战的胜利，阿里巴巴才驶上了快车道，开始了快速发展。

马云说：“中国人要创办全世界最优秀的公司，前提是必定要具备一个伟大公司所必备的胸怀、眼光以及全球化视野，拥有一支全世界最优秀的管理团队。阿里巴巴除了一如既往地提升自己和引进外部人才之外，还将大力推进走出去的人才战略部署。”于是，马云为了能够使高级管理人员得到各个方面的锻炼，还将高级管理人才对调。在阿里巴巴刚上市不久的2007年12月份，阿里巴巴集团的高级人才陆续前往海内外著名商学院脱产学习、休整、提升，并更充分地与行业内外的优秀企业、企业家进行了交流沟通。

马云的做法，对所有企业的领导人来说都是值得效仿的。只有注重人才培养，企业家的成长才会有根基，企业的发展、壮大才算找对了源泉。但是，相当一部分民营企业属于机会导向型，因此重视企业的发展，轻视人才的培养。这是典型的短期行为，虽然一时的效益可能较好，但长期来看后劲不足。

另外，有些企业，表面看来也算是重视人才，但他们不是对内部员工加以培养，而是大量地引进空降部队。事实证明，空降兵的成功概率非常低。这里的原因很多，比如：员工对空降兵寄以过高的希望，希望他能够在短期内扭转局面。通常这是不现实的。

所以，阿里巴巴在培养人才的时候，会将内部培养与外部引进结合起来。从外部引进的，应将最高级别限制于中层管理者，如部门经理，而后再在企业内部进行系统培养和考察，从中发现优秀人才，逐步将其升至高级管理岗位。阿里巴巴会在度过生存阶段后就着手引进除财务、人事之外的部门级职业经理人，为以后的发展打好基础。可见，马云的做“首席教育官”的目标，是每一个阿里巴巴的领导必须学习的功课。

能打造“明星团队”

在很多人眼里，唐僧做领导可能显得无为、迂腐，只知道“获取真经”。但是，在马云眼里，这样的领导方向明确，无论外界发生什么，都不会改变他取经的初衷。孙悟空脾气暴躁却有通天的本领；猪八戒好吃懒做但懂情趣，并且也是一个外交高手；沙和尚中中庸庸但是非常忠诚，并且任劳任怨挑着担子，这样的团队无疑比“一个唐僧三个孙悟空”的团队更能够精诚合作、同舟共济。

马云说：“这就是团队的精神，有了猪八戒就有了乐趣，有了沙和尚就有人担担子，少了谁都不可以，互相补充，相互支撑，关键时也会吵架，但价值观不会变。我们要把公司做大、做好，这样的团队很重要。阿里巴巴就是这样的团队，在互联网低潮的时候，所有的人都往外跑，但我们是流失率最低的。”

对公司而言，要想渡过残酷的低潮期，持续发展，就要依靠团队的力量，这也是马云推崇唐僧团队的出发点。

为了寻求更好的“领袖之道”，作为阿里巴巴掌门人的马云，一直把着似无为却能掌控三位高徒的唐僧当作自己管理阿里巴巴的榜样。马云说：“唐僧是一个好领导，他知道孙悟空要管紧，所以要会念紧箍咒；猪八戒小毛病多，但不会犯大错，偶尔批评批评就可以了；沙僧则需要经常鼓励一番。

这样，一个明星团队就形成了。”

的确，团队可以做到优势互补、力求完美。只要领导者能够充分地发挥自己的用人才能，打造一支明星团队其实并不难。

在创办阿里巴巴期间，马云知道，他的团队不能没有孙悟空，而这里的孙悟空可以说是团队里技术人员、高层领导等。马云知道，这样的人一般敢作敢为、富有创造力、有闯劲、有冲劲。但除此之外，越是能力大的人脾气也越大、越任性，容易情绪化。于是，马云会时不时地给他们上个紧箍咒，让他们时刻牢记着团队的共同目标。

当然，马云也知道，团队里不能缺少脚踏实地的沙僧，虽然他本事不大，但对团队的价值观念有强烈的认同感，能够勤勤恳恳、任劳任怨地一直跟着唐僧走下去。

另外，猪八戒虽说又懒又没有坚定的信念，但他是个非常善于处理人际关系的人。他善于与外界打交道，许多外部力量的支持都是八戒争取来的。有一个社会心理调查发现，男性比较喜欢孙悟空，而女性则普遍比较喜欢猪八戒。猪八戒很丑，但很温柔，脾气好，天生乐天派，他总是能给团队带来很多乐趣。假若没有痴戒，团队就会缺乏活力，没有情趣，变得枯燥无味。

马云一直认为，唐僧是一个好领导，因为唐僧知道一个团队里不可能全是孙悟空，也不能都是猪八戒，更不能都是沙僧。要是公司里的员工都像自己这么能说，而且光说不干活，会非常可怕。所以唐僧离不开任何一个人，而且懂得让他们各尽其才，这正是一个优秀的领导最需要的能力。

所以马云一直在学习唐僧，因为马云知道，一个团队能否成功，与团队领导者的领导方式有直接联系。于是，就产生了这样一个广为流传的故事：

马云当初带到北京去的伙伴们都一个不少地跟着他走了。为什么？因为马云不只是这个团队的领导者，他更是个布道者。

对于马云来说，团队最根本的问题还是团队领导人的问题。一直以来，同甘共苦是马云作为一个领导者所坚持的理念。在北京的日子，马云也和他的伙伴们一样，住在租来的公寓中，每天睡眼惺忪地起床，在公共汽车中一颠一颠地睡到外经贸部，工作到深夜又一颠一颠地回到集体宿舍。到现在，阿里巴巴有钱了，大家也是按劳分配。所以，在中央电视台的一次对话节目中，马云甚至说出了“谁也挖不走我们的团队”这样的话。可见，马云本人就是一个好领导，阿里巴巴也是最完美的团队。

阿里巴巴的 CEO 是“守门员”

对于一个 CEO，如果你问他企业的父母是谁，总会有无数的答案：是投资方、是员工……而马云的回答是：“客户才是我们的父母。”马云甚至说过：“要问我的老板是谁？就是我前面的几个副总裁，副总裁的老板就是他们前面的总监，总监们的老板就是他们前面的员工，员工们的老板就是他们前面的客户。很显然，我就是这个足球队的守门员。如果你们发现一个球队的守门员是最忙的，那麻烦就大了，他技术再好也不行。”马云把 CEO 比作在公司最底层的守门员，主要的工作就是把住大门，把住方向。

2000 年第一次“西湖论剑”时，马云发现当时的市场有点不对劲，当时一个月内就有1000家网络公司成立，大家都想上市圈一笔钱就走。这时，马云明白，要想把握好这个方向，做个合格的守门员，一定要拿出自己最坚定的信念来引导大家。

首先，马云开展了“整风运动”，统一思想，统一目标。既然是要做80年的企业，那么把企业做大做强是关键，而绝不是圈一笔钱就走。

然后，马云开始把资金都收缩回来用作员工和干部的培训费用。并且，他还提出2002年必须盈利1元钱。结果当年赢利50多万元。

虽然以上的一切都做得不错，但就在这个时候又碰到了一些麻烦问题，比如说回扣。当时给人家做网页，如果收入是2万，回扣就要给5000元，到底给不给？

公司内部有很多争论，大家讨论了一番后，决定不给。一开始很多人都不相信能做到这一点，后来发现有两个顶级销售人员仍然在给回扣，马云便毫不犹豫将其“封杀”了。他认为，宁可关门不做生意，也要给客户一个好印象。

后来，马云总结出了这么一句话：“九年的经历至少可以证明一点：像我这种什么技术都不懂的人都能成功，而且还小有成就，那么80%的人都可以。但关键是你怎样把平凡的人聚在一起，做好‘守门员’。”

所以，虽然CEO比较清闲，但却要求脑子要有非常快的反应，每天想的问题就是怎么组织战斗。“所以作为CEO来讲，我是最底层的，我跟我所有的客户讲，如果我们的客户投诉抱怨，一直投到我CEO这里，那一定是我们现在的问题都没做好。我会花很多时间去考虑。”马云说。

那么，对于扮演阿里巴巴守门员的CEO来说，哪些权力是他所能够行使的呢？而这些权力又来自哪里呢？

通常情况下，一些“强硬”的CEO喜欢对不服从管理的员工说：是组织安排我来担任这个职务的，你必须听我的。但马云认为这是最弱的一种权力表现形式。因为中国人总是喜欢“阳奉阴违”，别人表面上承认你、服从你，私下有什么想法你就不一定知道了。你的员工自然也会拿这招来对付你。

还有一些“财大气粗”的CEO说：我有钱，可以诱惑他们。的确如此，但这是个竞争社会，当出现更大的诱惑时，你的权力就会失去。

还有人会说：我有强制力，不听我的我就开除你。但是没有任何一个企业会需要这样的CEO。

所以，马云认为上面的这些权力在运用时都需要非常慎重，在阿里巴巴，一个CEO需要做的是发挥自己的专家力、典范力。比如你是某方面的专家，必然会直接影响周围人的行为举止。简单地说，当你拥有职位、金钱的时候，你就拥有了硬力量，这就意味着你会比没有硬力量的人显得更为强大，你成功的平台也会更好。

可见，阿里巴巴在CEO应该行使什么样的权力、怎样行使权力的问题上，认识还是非常清醒的。马云说：“人们之所以会听谁的，不是因为这个人是CEO，是什么主任，而是因为他说的对。一个CEO最后要取得的决定权不是来自于人，而是源于他讲的理念思想、战略战术是不是确实有理。所有人都觉得你说得有理，他们就会跟着你。”

马云把他们的团队比作是一支足球队。“这支足球队的守门员就是我这个CEO。”马云说，“球队进球了，守门员为球队的胜利而欢呼；球队丢球了，守门员为球队的失败承担最后的责任。”显然，要做一个优秀的守门员也不是一件容易的事情。马云说，一个优秀的CEO除了要守住自己的“球门”外，更重要的是要在商场上做到知己知彼，百战不殆。“己”是指员工，这是公司最大的财富；很多人认为“彼”是指对手，而马云却认为应该是顾客。

很多时候我们了解竞争对手甚至超过顾客，最后把顾客忘记了，这就离关门不远了。

马云眼里，当领导是很孤独的，即使你的二把手和三把手都能彻底理解你的想法。企业开船的时候，船长会爬到杆上看风向。“我要考虑的就是一年以后要做到的效果，我必须考虑制度和招兵买马，但是真正到了成功的时候，我还要考虑后年的决策。所以成功的时候，我不能分享，但是失败一定要承担。”

换一个角度来说，球队进球了，不是你守门员的功劳；但自己的球门被别人攻破了，却一定是你守门员的责任。这就是CEO，这就是阿里巴巴需要的领导！

用领导魅力吸引人才

说起蔡崇信，了解阿里巴巴的人没有不知道的，他对阿里巴巴的发展起到了至关重要的作用。但说起他是如何加入阿里巴巴的，就不得不从阿里巴巴这个企业的文化和马云的个人魅力说起了。

当阿里巴巴关于电子商务的理念正受到一些国际投资集团关注的时候，蔡崇信正任Investor AB集团香港区的副总裁，负责亚洲包括中国大陆的投资业务。他也对阿里巴巴很感兴趣，于是决定到阿里巴巴公司看个究竟。

蔡崇信的到来，让阿里巴巴的所有成员都非常高兴。因为蔡崇信此行的目的很明确：希望能够找到一个理想的投资对象。而这也正是阿里巴巴所希望的。蔡崇信在阿里巴巴见到了令他吃惊的一幕：一个四居室中，竟然有 20 多个人在工作，地上还扔着床单等乱七八糟的东西。从他们的表情中可以看出他们愉悦的心情，看出他们对阿里巴巴的热爱。见面后，马云对蔡崇信谈了自己对电子商务的看法，阐述了自己要做全球最大的 B2B 网站的“芝麻开门”梦想等等。最后，虽然考察结束了，但马云与员工的“零距离”亲密、马云的梦想和个人魅力、阿里巴巴有别于其他企业的文化都让蔡崇信印象深刻。

就这样，阿里巴巴充满快乐的企业文化和马云的独特魅力吸引了蔡崇信。不久之后，蔡崇信辞职，加入了当时还处在成长期的阿里巴巴。就这样，蔡崇信由一个年收入达几十万元的高级经理人，变成了一个月收入 500 元的阿里巴巴人。这一举动令马云十分吃惊，但蔡崇信坚持自己的选择，用蔡崇信太太的话说：“如果不让他到你这里来，他会后悔一辈子的！”

其实，这样的故事在阿里巴巴数不胜数。有一次，马云受邀在哈佛大学讲演，他睿智幽默的演讲打动了哈佛的 MBA 们。经过马云“洗脑”后的哈佛精英们对于马云的崇拜已经达到了“五体投地”的地步，除了让马云享受了签名、合影等“星级”待遇，还有几个 MBA 当场拦住马云，要求和马云一起“芝麻开门”——到阿里巴巴工作。

《赢在中国》的总制片人王利芬女士曾经感慨地说：“在马云身上，有一点是一般人做不到的，那就是他没有一点虚荣心，他不怕没面子，能十分坦然地面对自己不太成功的过去，连自己的长相也在他自嘲之列。这一点对一个人来说真的很不容易，而且有许多人因为做不到这一点而将自己放大或架起来，之后要不断地为这个放大的或架起来的自我费许多的精力，要演戏。而马云不用，他台上台下都是一个人，真实地表达自己的不足，也真实地表达自己的才华。我很难想象什么人能将马云忽悠过去，也很难想象什么人能把马云的自信打下去，让他自卑。”

的确，马云的人格魅力太强大了，而事实上这也是每一个出色的领导者所必须具备的素质。郭士纳在他的自传《谁说大象不能跳舞》中，谈到领导者的个人魅力时写道：“伟大的 CEO 会卷起他们的衣袖，亲自参与解决问题的活动；他们会身先士卒，而绝不是躲在员工的身后，指挥别人做事。”那么，在阿里巴巴，怎样才算得上是一位有魅力的领导人呢？

在阿里巴巴，首先，要富有品格魅力。和蔼可亲对于一个身居要职的人来说是难能可贵的品格，这种和蔼平易在下属心里产生的影响力、感召力是很大的。还有的人可能性格和能力有点差强人意，但是心地宽厚、真诚待人，这也是一种品格的魅力。

其次，善于激励。在阿里巴巴，领导者的另一个身份就是教练，他要能激励员工的士气，传授员工经验，解决员工的问题，令员工折服，必要时还得自己跳下来打仗。要让有能力、有意愿的人，死心塌地地跟着主管打拼，并且激励有能力却意志不坚定的成员提升意志力，这样的领导者才是最被推崇的。

第三，勇做表率。在阿里巴巴的领导者如果希望自己获得员工的认同，就需要大胆试验，开拓他们的思路，自己做出表率。要通过以身作则、承担风险以及展现超群的能力，使追随者确信目标是合理的、是能够达成的。这种带领大家一起翻越高山、替员工遮风挡雨的精神，必定会成为最受员工喜欢的性格魅力之一。

此外，要做到心胸宽广。在阿里巴巴必须能为指出企业内部矛盾的员

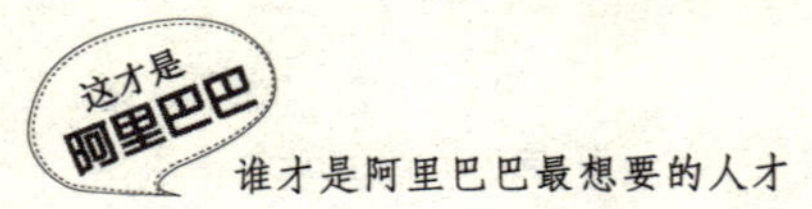

工撑起一片保护伞。这体现了一个人对不同文化、不同派系、不同事物是否有包容性，是否能团结不同性格、不同背景的人一起共事，能否容忍反对意见，甚至包容自己的敌人。在阿里巴巴的领导，必须具有这种宽广的心胸。

还有，要有远见卓识。作为一名领导者，有远见是至关重要的。你处在那样高的位置，就要有比别人更宽的视野，在处理某些关键问题时表现出别人所没有的高瞻远瞩的眼光，能够迅速作出决策，采取行动，把不确定性转变成机会和成功，减少追随者的担忧，并收获甚丰。这样的领导者一定会收获大家的信任和热爱，从而拥有一群心甘情愿的追随者。

最后，有极强的工作能力。领导的业务和决策能力很强，员工不会的事他会，员工做不了的工作他能做，这样自然能在员工心中树立威信，员工对他尊重甚至仰慕，魅力也就随之而来了。

阿里巴巴要的是“猎犬”

我们常常会发现，在阿里巴巴，领导做事从不亲力亲为，却能把事情处理得井然有序、完美无缺；但在很多公司，由于领导用人不当，常常把事情搞砸、搞乱，甚至还会阻碍一个企业的发展。

因此，在阿里巴巴看来，用人之道便是企业的生存之道。然而，到底怎么用人，用什么样的人，成了很多企业老板的一大困惑。

一直以来，马云对于什么样的人是企业需要的人才有着一种很形象的比喻：在企业团队里，有业绩没有团队合作精神的，是野狗；事事老好人但没有业绩的，是小白兔；有业绩也有团队精神的，是猎犬。

一般来讲，大多数企业在选拔人才的时候，都会把业绩放在第一位，尤其是对那些能够为企业直接创造价值的员工，即使是野狗，往往也会厚爱有加、唯业绩是从。但在马云的思维里，对于野狗，无论其业绩多好，都要坚决清除；小白兔会被逐渐淘汰掉，只有猎犬才是阿里巴巴真正需要的人才。

当然，也有一些企业还是很看好“小白兔”的，至少他们会忠于企业。其实，对于这些企业的领导人来说，如果你舍不得对“小白兔”加以清除，大可以效仿阿里巴巴的管理方法，把员工分为几类，因材施教，针对不同类型的员工做不同的管理。比如：对工作态度端正、工作能力高的员工，要赋予权力，大胆使用。毕竟这种人是最理想的员工；对工作态度端正、工作能力低的员工，要充分肯定他们的工作态度，保证他们的工作热情。同时，要让他们认识到自己的不足，在工作中对他们多多“传帮带”，并对他们提出提高工作能力的具体要求和具体方法，使他们早日成为工作能力强的员工；对工作态度不端正、工作能力低的员工，要将其扫地出门，以免后患；对工作态度不端正、工作能力高的员工必须限制使用，控制在一定的比例里逐渐淘汰。

那么对于阿里巴巴来说，成为猎犬型人才的条件到底是什么呢？首先，诚信和热情是员工最基本也是最首要的素质。马云认为这种品质之所以重要，是因为它对一个人来说有就是有，没有就是没有，如果没有是很难培养的；其次，员工要乐观上进，健康积极有朝气，对互联网行业充满兴趣与激情，渴望成功；此外，员工还要有适应变化的能力，具备较好的专业素养和职业修养，善于沟通协作；最后，员工要富有学习的能力和好学的

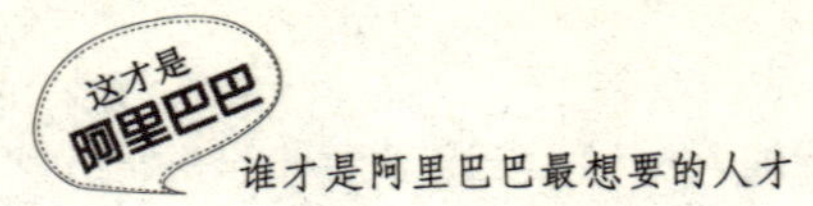

精神。

当然，马云认为，阿里巴巴除了需要“准猎犬”型人才，也绝不会拒绝有潜力成为“猎犬”型人才的人。在他看来，这类人才经过一定的培训是可以达到阿里巴巴的要求的。

所以，马云一直以来都非常注重员工的培训，他在这些人才培训上面舍得花大力气，也舍得花钱。曾经，在一次演讲中，马云说：“有人问是公司先赚钱再培训，还是先培训再赚钱？我说既要赚钱也要培训。问要听话的员工还是能干的员工？我说他既要听话也能干事；问你们是玩虚的还是玩实的？我说我们既玩虚的也玩实的。我们这样要求员工，他们的素质就会不一样。”

除此之外，马云在招聘员工的时候还要进行非常严格的筛选。任何人想成为阿里巴巴的猎犬，都要经过几道程序。为此，马云解释说：“对于进入公司的人才，阿里巴巴要为他们负责，如果简单地招进来，不满意就解聘了，那给这些人带来的不仅有经济成本，还有机会成本。”

所以，在具体选拔人才的时候，阿里巴巴设立了四道关卡：第一道是“海选简历”。这是为应聘的人才设立的一个门槛——填写简历后必须进行一个快速测试，只有通过者才能有效提交简历；第二道是现场接收简历。但因为这些投简历者没有经过快速测试，因此录取比例比较低；第三道是笔试。对笔试的前10名给予总共大约10万元的奖励，第一名为2万元；最后，由业务主管、人力资源部门和事业部总经理对通过海选和笔试的人员进行面试。只有通过这四道程序的人，才能最终加入阿里巴巴的团队。

在用人上，马云有自己的判断、自己的标准，但前提都是出于对企业负责，为公司未来发展考虑。所以如果你不是他需要的人才，他就一定不会选择你，而一旦选择了你，就会不遗余力地培养你。对于雇用的人才，阿里巴巴采取的是“请进来、送出去”原则。“送出去”就是与一些MBA学校和培训班建立合作，把员工送出去学习。2004年9月10日，阿里巴巴成立了自己的“阿里学院”，这样做的目的就是要让每一个人才在阿里巴巴实现增值。当然，阿里巴巴也会得到增值。

领导人需要懂得人才匹配

通常情况下，高学历、高职称的人相对那些没有学历的普通职员来说，在某些方面的确占了很多优势。然而，有优势不等于他们在各方面的能力就必定强过这些人，也不能说只有这些有学历、顶着桂冠的人才算是人才。在西方有这样一句名言：“垃圾是放错位置的财富。”这充分说明，人才其实也是相对而言的。

一个人是不是人才，能不能够完全发挥他的作用，关键要看把他放在什么位置上。只要他在这个位置上能够做好工作，做出成绩来，他就是人才；如果不行，即使顶着再多的桂冠，他也不是人才。

马云说过一句话：“把飞机的引擎装在拖拉机上，最终还是飞不起来。”如果让一个顶着名牌大学学历，或者有着高管头衔的“人才”去小商店里做推销，他不见得会比一个初中没毕业，常常被很多行业冷落的人做得好。暂且不说这些高级“人才”是否能放下架子去做这个推销，如果他把一堆所学的理论拿到这里，还不如一个不懂理论的人的灵活应对。

所以，所谓“人才”，只要人尽其才便都能配得上这个称号。而怎么样才能做到人尽其才呢？只有把每个人放在相应的位置上，才能充分发挥他的作用。这里便又牵涉到了“人才”的运用。

在人才的运用上，马云承认自己也犯过错。1999 年，阿里巴巴刚成立不久，马云立志要使之成为中小企业敲开财富之门的引路人。在阿里巴巴获得高盛的风险投资后，为了扩展公司业务，马云立即着手从香港和美国引进大量的外部人才，用马云自己的话说就是：“阿里巴巴人员只能够担任连长及以下的职位，团长级以上全部要由 MBA 担任。”

当时，在阿里巴巴 12 个人的高管团队成员中除了马云自己，全部来自海外。紧接着，阿里巴巴又获得软银集团 2000 万美元的风险资金，这个时候，准备大干一场的马云更是非常果断地请来诸如哈佛、斯坦福以及国内知名大学毕业的 MBA，使其逐步代替自己原来团队中的“土鳖”。

然而，长期观察下来，这些高层管理者因在阿里巴巴“水土不服”，都一一被马云“开除”了。

马云后来回忆说：“我跟北大的张维迎教授辩论，首先我承认我水平比较差，95%的 MBA 都被我开除掉了，难道他们就没有错吗？怎么可能 95%都被我开除掉？他们肯定有错。这些 MBA 一进来就跟你讲年薪至少十万元，讲的都是战略。每次你听那些专家跟 MBA 讲得是热血沸腾，然后做的时候你都不知道从哪儿做起。”

马云认为，作为一个商业精英 MBA，在学习的过程中首先要学习怎样做人。但是，这些 MBA“基本的礼节、专业精神、敬业精神都很糟糕。这些人进阿里巴巴好像就是来管人的，他们一进来就要把前面的企业家的东西都给推翻掉”。

当然，马云并没有否定那些职业经理人的管理水平。他说：“他们的水平如同飞机引擎一样。但问题在于，如此高性能的引擎适合拖拉机吗？”马云由此总结出一个关于人才使用的理论：只有适合企业需要的人才才是真正的人才。他把当初开除MBA的事情用了一个非常形象的比喻来做解释：

“就好比把飞机的引擎装在拖拉机上，最终还是飞不起来一样，我们在初期确实犯了这样的错。那些职业经理人管理水平确实很高，但是不适合。公司当时的发展水平还容不下这样的人。”

经过这次教训，马云再也不会盲目地吸收高学历、高职位的“人才”。在人才的选拔上，阿里巴巴开始采取外部招聘与内部培养相结合的方式，其中内部培养是重点。因为，在电子商务行业里，阿里巴巴已经走在了最前列，单纯依赖从其他公司大批量吸收成熟的人才，很难满足每年成倍增长的业务对人才的大量、高质的需求。而且，外来人员也很难在短时间内充分理解阿里巴巴独特的文化氛围和价值观。如果不能在价值观上达成一致，那么在长远业务上就很难形成统一的共识。所以，马云把内部培养人才作为一个重点项目来进行。

之后，他经常组织公司的一些高层看一部电视剧——《历史的天空》。这部电视剧讲述了一个农民如何逐步成长为将军的故事。主人公姜大牙——开始几乎是个土匪，但是通过不断学习、实践，不仅学会了游击战、大规模作战、机械化作战，还融入了自己的创新，最终成为一个百战百胜的将军。

马云组织员工看这部电视的目的无疑是希望阿里巴巴的领导能像姜大牙一样，不断改造，不断学习，不断创新，这样企业才能持续成长。此后，他分期把公司内部的高层一批批地送到商学院去学习，以此为这些人提供一个快速成长的平台。

从阿里巴巴的整个发展过程和用人经验中，马云最后总结出一个道理：适用即人才。马云办公室的墙上挂着一幅题字："善用人才为大领袖要旨，此刘邦刘备之所以创大业也。愿马云兄常勉之。"这幅字是金庸2000年的时候给马云题的。马云说："我挂在办公桌前面，这是给自己看的，挂在后面是给别人看的。天天看到这个，也是对自己的一种提醒。"

第 06 章

注重合作的人

——马云同样离不开合作伙伴

马云如是说："做企业最重要的在于团队，团队非常之重要。要记住，永远不要羡慕别人的团队，你现有的团队就是最好的团队。团队里面的教育背景、文化程度都不一样，如果我们公司每个人都跟我一样会侃，那是没有用的。我又不会写程序，我连电脑都不会看的……我自信不是因为我自己，我的自信来自于阿里巴巴的团队。"

用合作让自己变得强势

一个员工要想在职场上迅速站住脚，并成为老板倚重的人，唯一的捷径就是加强与团队的紧密合作。除此之外，你并不具备任何强势。而在这方面，小小的蚂蚁完全可以做你的免费教师。

作个比喻，职场中的你确实弱小得如同一只蚂蚁：对同事不很熟悉，对上司不太了解，对客户缺乏沟通，对日新月异的技能还没有驾轻就熟……也就是说你不论是在人际关系上，还是在最基本的技能上，都无法和最出色的同事比肩。更为可怕的是，在紧张的职场环境下，你的身体和心理承受能力都面临着严峻考验，和成熟同事相比之下，更显得自己形单影只，孤独无助。

承认这些并没有什么好羞愧的，差不多每个员工都面临过这种窘境。关键在于如何打破这种局面，顺利实现从陌生到熟悉、熟练以至得心应手的过渡。

不管在任何时候，都积极地将自己弱小的身躯投入到团队的怀抱里，和所有的同类紧密结合为一体，相互之间团结合作，既学习别人的长处，又帮助不如自己的弱者，即便在大灾大难面前，也以这个同生死、共荣辱的团队为荣。这样，那些弱小者不再弱小，共同的优势组合成了一支极具战斗力的军队！

在阿里巴巴，假如你现在因有这种心态而不能或不肯与人合作的话，那么，毫无疑问你错了。职场上别说你是一名员工，就连你的主管甚至你的老板，都毫不例外地要视合作为自己的一件法宝呢。

苗清刚进马云团队时，马云还在做中国黄页，全公司只有二十多人。但老板马云却对他充满信心地说："我知道你是一个优秀的电子技术专家，就像好钢要用在刀刃上一样，我要把你安排在最重要的岗位上——由你来全权负责新产品的研发怎么样？你这一步走好了，企业也就有希望了！"

"我？我还很不成熟，虽然我很愿意担此重任，但实在怕有负重托呀！您能给我指点一下迷津吗？"

"新的领域对每个人都是陌生的，关键在于你要和大家联起手来，这才是你的强势所在！众人的智慧合起来，还能有什么困难不能战胜呢？"马云很自信说道。

苗清一下子豁然开朗："对呀，我怎么光想自己？不是还有二十多位员工吗，为什么不虚心向他们求教，和他们一同奋斗呢？"

后来，苗清凭借自己的努力，从最初的一名对职场缺乏信心的人，一下子成长为阿里巴巴的高管，实现了火箭式的飞跃。

职场上的每一个员工，永远不要抱怨或指责别人不好接触，更不要故作清高，摆出一副和人老死不相往来的架式。企业虽然是一个工作场所，但没有一个良好的人际氛围你不但会信息闭塞、到处碰壁，而且更要清醒地意识到，很多的工作并不是一个人的努力所能独立完成的。

对于每个员工来讲，一定要给自己一个切合实际的准确合理定位，要抱着一个良好的心态真诚地与上司、客户和同事和谐相处。即便你在本部门是个出类拔萃的人才，但你也不可能是一个面面俱到的通才。多借鉴别人的长处，多与他人资源共享，在合作中去创造佳绩，总比你单打独斗强上百倍！

千万不要忘记，你只是企业链条中的一环，环环相扣才会发挥出你的优势，企业的车轮才会转动如飞！你的脱节，不但会令你丧失出色的机会，企业也会因此而停滞不前！

对于任何一名员工，我们完全可以这样对他说，谁率先调整好心态，像蚂蚁一样擅长团队合作，谁就能凭借这一强势脱颖而出，最终成为阿里巴巴最需要的人！

精于寻找共同成长的合作者

马云认为，在就职初期，与那些没有成功却渴望成功的人一起合作才是最好的。他说："不要把一些成功者聚在一起，尤其是那种35岁到40岁的已经有了钱的这些人，他们已经成功过了，所以想再在一起做事会很难。"

然而，很多人在选择人才时还是有一个误区，他们认为最有能力的人，或者有某些专长，能和自己优势互补的人才更能为自己创造价值。于是，懂技术的便找个能够出资的合作；擅长管理的就找个会做市场的合作；做销售的就找个有项目的合作……当然，能选择这样一个有着互补优势的合作人非常好。只是，有时候人们一味地看重合作人的才能而不是人品和能够长期与你同甘共苦的耐力，这让很多初期涉足商场的投资人吃了不少亏。

我们常常看到企业里出现这样的现象，原本的合作人，大家各具所能，并且也走到了一起，但绝大多数情况总是不知道如何融汇到一起。于是，有些企业，项目没选错，合伙人的能力也都够强，但是却只做了两三年就垮掉了。虽然，这其中也存在机制问题，但绝大多数还是因为合作伙伴之间的感情用事，没有把企业的发展作为长远目标去对待而导致的问题。

中国有句老话，“小胜凭智，大胜靠德”。合作选伙伴，首先要看这个人是否有德。只有有德的人才能够至始至终和你长期作战、共同成长。

我们知道，马云能够取得今天的成就，绝不是凭他一个人的能力。当初，从北京打道回府，在杭州的湖畔花园，马云和他的 18 个合伙人，你 1 万他 5 万地出资创办了阿里巴巴。从那时开始，他们潜心打造，终于做出了一个令业界都为之惊诧的电子商务网站。并且在这之后，他们更是为了一个“做 102 年的企业”的共同目标同舟共济、尽心尽力，最后一次次地战胜困难，创造出惊人的成绩。

除了马云是在创业期间借着合伙人“十八罗汉”的耐力，与其共同打造阿里巴巴，最终取得成功以外，牛根生也是凭着一支品行兼优的合伙人一起创下蒙牛集团的。初创蒙牛时，他们遭遇了种种困难，甚至被某些对手打压至无法还击的地步，而那些合伙人却依然不离不弃，跟着牛根生同吃苦、共患难，终于成就了今天的伟业。

由此看来，会找合伙人对阿里巴巴而言非常关键。你绝不能只凭着自己的感觉办事，也不能只是抱着试试看的态度，你一定要谨慎从事。如果你的立场已经十分坚定，并且你已经有了同别人愉快合作的心理准备，那么在阿里巴巴工作选择合伙人的时候，你必须考虑以下这几个方面：

首先，你要选择一个和你有着共同梦想，并且能够把企业的长远发展作为目标的合伙人。一般来讲，大家合作，企业规模小时为的是赚钱，壮大后为的是做得更大更强的梦想。但小的时候有一个赚钱分配的标准问题，大的时候有一个管理控制手段的基调问题和如何进一步发展的目标问题，这些问题都很复杂。

作为一个企业，如果没有人以企业的经营发展为工作内容，缺乏凝聚员工的团队文化，没有团队的共同目标，这样的企业文化是无法支撑企业的长期发展的。

其次，你必须仔细考虑你的合伙人是否能和你一起承担风险。当然，所谓的承担风险不仅仅单指经济上的风险，还包括合伙人是否能够和你一起直面遇到的困难，并且用一种冷静的态度去解决困难。

如果你选择的合伙人已经具备了以上两点，这个时候你就该考虑，你的合伙人的性格是否适合和别人合伙干事业。一般来说，一个人做事往往是一个人来承担各种风险，并且也是一个人说了算。而在合伙的企业中，合伙人都是老板，你们之间的地位彼此平等，不能一家独大。在合伙企业中，合伙人之间的关系与老板和雇员之间的关系不同，合伙人之间一定要彼此尊重、互相谅解、相互信任。

合伙人之间的关系比我们普通人之间的关系更复杂，更难以处理。所以，对于那些性格上存在这样那样的问题，尤其是不善于跟别人合作、缺少团队精神的人，最好不要与其合伙，否则，等待你的就只有一个结果：失败！

最后，也是非常关键的一点，你必须考虑你能够从你的合伙人那里得到些什么，你又能为你的合伙人提供些什么，你们彼此之间是不是能够形成一种互补关系。

你应该清楚地知道，你需要从你的合伙人那里得到的是资金、技术、关系、销售网络、土地、经营场所，或者是其他经营的时候必须具备的东西，而这些又是你一时难以解决的问题。如果你对这些问题已经非常清楚了，那你就可以大胆地和他合伙做事了；但如果你觉得对于这些问题还需要再继续考虑或者观察，对于合伙人所具备的个人能力和技术实力等方面你还是不放心，那你就不要急于与他合作。

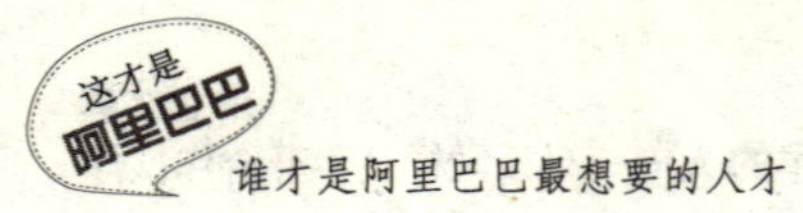

懂得寻找最适合的合作伙伴

俗话说，一个篱笆三个桩，一个好汉三个帮。在今天，激烈残酷的竞争充斥着每个商业角落，在这种情况下，一个人要想靠自己单枪匹马做点什么，实在不是一件容易的事。即使你深谙经营之道，但是总会顾此失彼。因此，要想在商界做出点成绩，找一个合作伙伴还是非常有必要的。

然而，在马云看来，到底怎么找，或者找一个什么样的合作伙伴呢？有人说，找合作伙伴，当然是找聪明的、学历高的、有能力的，并且在各方面都优秀的。于是很多企业的老板会去大公司挖人，从猎头公司找人，到高等学院选人……

事实上，对于这种做法，马云并不认可，他说："阿里巴巴要找最合适的人而不是最优秀的人。"

马云本人比较认同等到事业达到一定程度的时候，再请一些成功人才充实团队。马云这样考虑的原因是：这些没有成功却渴望成功的人不仅学习能力强，工作激情也很大，容易接受别人给他的意见，所以是合作最合适的人。

众所周知，马云创造了互联网的许多奇迹，建立了一个世界上最大的电子商务网站。但是这并不是马云最得意的地方。马云最得意的是他的团队，是他的用人之道，他把用人看得比融资找钱更重要。为此马云说："合适的就是最好的，不管你是'土鳖'还是'海龟'，也不管你是'旧臣'还是'新人'。"

马云的用人原则就是唯才是举，要符合阿里巴巴的发展。但有一段时间，马云也曾经迷信过“精英”论，要求“凡是要做主管以上的位置的，必须在海外，如美国、英国受过三至五年的教育，或工作过五到十年”。2001年，他更是建立了一个几乎全部是“海龟”的团队，全面放弃了“土鳖”。但事实证明，只靠“海外兵团”是不行的。“海外兵团”对中国国情知之甚少，远不如“本土人才”适合中国市场。于是阿里巴巴的管理团队又从“海龟团队”过渡到了“土鳖军团”，建立了只剩下一个“海龟”的管理团队。就是这样一个“土鳖军团”在短短的两年内带领淘宝打败了eBay这个“巨无霸”，成就了淘宝在中国的奇迹。

但是，当阿里巴巴真正需要走向国际市场时，马云又发现“土鳖军团”的战斗力远没有“海龟团队”厉害，于是马云大力引进国际精英。2006年，阿里巴巴终于建立了一支不分新老、不分土洋的第一流的管理团队。

企业的领导者总希望自己招收到的人才是最好的。其实，有时候，最好的人才并不是最适合自己的。所以，企业领导者有必要反省一下自己在对待人才时存在的问题。

首先，不要奢望完人。人才并不是天才，每个人都有缺点，要正视他们的缺点，只要不影响工作，对其身上的“弱点”，就要辩证地加以分析，不要斤斤计较，要大胆使用。

其次，清醒地认识人才和文凭的关系。人才不能完全由文凭来决定，文凭和能力之间不能画等号，即使文凭与其实际知识相符的人，由于用非所学，或者用与学不能够完全一致，仍然不可简单地把文凭当作衡量人才的标准。

此外，人才不一定适合自己的公司。人才如果不能够适合自己的公司，同样不能够发挥出应有的作用。只有找到最适合企业的人才，才能获得最大的效益。有的人带领公司越做越大，有的人却使公司奄奄一息，其中一个原因就在于是否用对了人。

还有，人才不等于全才。只要有一技之长就是人才，如果想要一个人什么都会做，什么都能做，什么都做好，那是不现实的，也是不可能的。

最后，人才不是说出来的。不可否认，口才好也是一种才能。但是，如果事事都是“动口不动手”，那绝对不是一个真正的人才所为。当然，那些只知埋头苦干、不善言辞的人也不是最好的选择，最好的就是又能说又能做，二者兼备。

最适合自己的人才才具有最高的性价比。要做到重学历但不唯学历，判断一个人是否是适合企业的人才，关键要看他的工作效果。只有把人才放在最合适的岗位上，“贤者在位，能者在职”，促使人才互相补充，才能产生倍增的作用。

一些企业常常强调需要最优秀的人才，但事实上，企业更需要最合适的人才。就像鞋子，太小了夹脚，太大了会掉，只有尺寸合适，才会感觉舒适。最合适的人才就是最好的，而马云正是因为坚持了“做事要找最合适的人”的原则，所以才打造出了一支执行力非常强的团队。

看重策略投资者，不要投机者

大凡做企业的人，都不是一开始就一帆风顺、一路坦途，大抵都要经历一段黑暗时期，诸如，没钱进行技术改进、缺少运转资金等。在这个时候，往往会有相当多曾经胸怀大志的企业家“人穷志短”，甚至“给奶就是娘”，只要有投资者主动送钱来，便来者不拒。1999年年初的阿里巴巴，在伙伴们用“闲钱”凑来的50万元人民币早已花得差不多了之后，无疑正处于这样的困境中。

当时，中国互联网一时成了来钱最快的地方，很多所谓的投资者或者说是投机者都想在这一领域捞上一把。因此，在马云家中办公的阿里巴巴员工，经常会接到各方投机者、投资者打来的电话。

而这个时候的每一个电话对于这些憧憬着梦想、渴望成功的年轻人来说，无疑都是一次离成功更近的信号。遗憾的是，马云一次次地与实现这些美丽梦想的机会“擦肩而过”。

第一个来找马云合作的是一个浙江本地的企业老板。那个老板开门见山：“马云，我给你100万，你给我每年10%的利润就行，也就是说明年这个时候你要给我110万，怎么样？”马云回答：“您真是比银行还黑！”

刚刚拒绝了这个浙江老板不久，马云又接到了一个投资人的电话。投资经理出了一个价，所谓的价钱就是这个金额占阿里巴巴多少股份。他们表示，如果马云同意，他们可以马上作决定。可是马云并不满意对方提出的股份比例，他强调，阿里巴巴是一个很有价值的东西，言下之意很明白，投资经理们出的钱太少了。

于是马云提议停一下，借口出去后，他问他的合伙人彭蕾：“你觉得怎么样？”彭蕾在那时候是管钱的，她清楚地知道阿里巴巴已经没钱了，所以就说：“马云，公司账上没钱了。”

马云没吭声，虽然，是取是舍让他着实犯难了一阵，但再见到投资方时，他依然坚决地告诉对方：“我们还是觉得阿里巴巴的总价值是我们所认为的那个，你们的看法与我们差距太大，所以我们无法合作。”

有些人一定很想知道，一个几乎连员工的工资都发不出的CEO，为什么还要“打肿脸充胖子”呢？用马云的话来解释就是：“除了钱，他们不能为阿里巴巴带来其他任何东西。”

实际上，这还只是马云拒绝众多投资者中的一个缩影而已。在这之后，马云又接连拒绝了各方投资者，前前后后一共有38次。

1999年7月，钱已经成为阿里巴巴迫切需要解决的重要问题，马云甚至困窘到必须借钱来发团队成员的工资了。就是在这个艰难的时刻，阿里巴巴受到了来自美国最顶级的商业媒体《商业周刊》的关注。起因是据说有人在阿里巴巴网站上发布消息，说可以买到AK-47步枪。这条消息把马云吓了一跳，可是马云他们找遍了网站上所有的消息也没有找到这条买卖信息。

“塞翁失马，焉知非福。”尽管有关AK-47的报道给阿里巴巴带来了一些负面影响，但也带来了更多国际记者纷至沓来的脚步，伴随这些脚步而来的当然还有国外的投资者。

1999年10月，由高盛公司牵头，美国、亚洲、欧洲多家一流的基金公司参与，阿里巴巴引入了第一笔高达500万美元的风险投资。接下来，软银公司也宣布为阿里巴巴融资2000万美元。

其实，当软银要为阿里巴巴投资的时候，马云是没打算接受的。之所以后来谈判成功主要还是在于他和孙正义之间的互相欣赏。孙正义看上的不是马云的钱或者马云的公司有多大、多强，而是马云这个人，他觉得马云有领导者的气质。而马云也说：“我见过的聪明人有很多，孙正义却是其中最特别的。他神色木讷，说很古怪的英语，但是几乎没有一句多余的话。像金庸笔下的乔峰，有点大智若愚。”于是两人一拍即合。

事实证明，孙正义没有看错人，马云也没有选错人。后来，阿里巴巴的飞速发展，和他们之间的愉快合作是分不开的。

所以，马云用他的实际经历证明，阿里巴巴人决不能“有奶就是娘”。

即使是在弹尽粮绝的危机时刻，也不能丧失一个人应有的尊严。马云拒绝38家投资商的故事，给了所有阿里巴巴的员工一个启示：阿里巴巴人的前途，阿里巴巴人的命运，永远掌握在自己的手中，而不是“资本家”的口袋中。但是，如果错选了一个唯利是图的“资本家”，就有可能毁掉一个优秀的阿里巴巴。

阿里巴巴要选择聪明人合作

很多人在选择合伙人的时候喜欢找那些成功过的人，他们觉得以前能够成功，以后再做什么必定也有经验，容易成功。殊不知，这些人因为已经享受过成功的果实，再做起事来常常有些狂妄自大。

马云认为，选择合伙人应该找那些犯过错误而又很聪明的人。这类人，因为犯过错误，必定也从错误里吸取过不少教训，所以做事就会更加谨慎。另外，因为曾经犯过错，他们会更渴望改正错误，取得成功。这样的人，往往比那些没经过多少挫折就取得了成功的人更加努力。

后来，阿里巴巴和雅虎的合作也充分证明了马云的立场。雅虎正式进入中国是在1999年，当时的中国互联网还处于起步阶段，因而雅虎把美国的经验复制到了中国。之后，中国本土互联网企业迅速崛起，并在各领域都各有专长，而此时的雅虎中国却迷失了方向，在每一个领域都插了一脚。

被阿里巴巴并购之前，雅虎中国有搜索、门户、3721网络实名、SP业务，还有一拍网和一搜网。在这些业务中，搜索占营业额的50%，然后是SP业务和广告。在搜索业务中，网络实名又占据了80%的营业额。

并购后，雅虎中国原来的“门户+搜索”的战略被马云重新定义为“搜索”。在这种逻辑下，雅虎中国的产品遭遇了大刀阔斧的调整，SP业务首先被砍掉。对此，马云主要考虑到两点：一是SP业务与雅虎中国的未来目标不一致，SP全称Service Provider，是指移动互联网服务内容的直接提供者，负责根据用户的要求开发和提供适合手机用户使用的服务；二是雅虎中国当时的SP业务有不健康的内容。同样被砍掉的业务还有一些小广告。

马云说：“我们选择雅虎，是因为雅虎有世界上最强大的技术，还有雅虎在中国七年的经验，无论是犯的错误还是取得的进步，都是我们发展的资本。”

马云认为，互联网是新兴事物，每家互联网企业都在面临着无数的未知。只有在犯了一些错误之后，才能总结出一些经验，而这些经验恰恰是另外一些企业所急需的。因此，错误也是一种资本。只有把得到的经验复制到现有企业中，才能避免再犯同样的错误。

雅虎全球首席运营官罗森格也认为，双方的成功联姻，将是雅虎在中国能够取得成功的可行办法。“这种方法实际上同雅虎日本的方法是一致的，在当地找到一个合作伙伴，这样我们能够把最好的资产和最好的技术结合起来，这样我们才能够在将来取得成功。因为我们相信，中国的互联网市场在五年内会成为世界上最大的市场。”

的确，对于那些优秀的人来说，犯错有时候恰恰是给他们提供了悟出真理的机遇。只有在犯错时，他们才能突然猛醒，要么从所犯错误中发现问题关键，要么总结出许多经验，以便下次做同样的事情时可以绕过障碍，直接稳步向前。而且，这些人在经历过失败后，做事往往会更加有目标、有计划、有具体的实施方法和步骤。

虽然我们大致了解了选择犯过错误的人合伙的诸般好处，但是这个人如果不聪明，只会犯错误，不懂得总结经验当然也是不合适的。

有些人，一副猛张飞的性格，做事盲目草率、蛮干、瞎干，最后事情失败了，还不知道错在哪里。对于这样的人，我们要尽量避免与其合作，否则他不仅不能在整个成功的过程中帮到你什么忙，反而会因为他的这种性格坏事。

总的来说，在阿里巴巴看来，选择合伙人是关系阿里巴巴成败的至关重要的事情，所以无论如何我们都要非常谨慎。如果选择合伙人这一关把握得当，那么在以后在工作过程中也会少走许多弯路。

懂得与对手合作

很多人认为，竞争对手就是敌人，会为了某些利益争个你死我活，哪还有合作的可能。但是，当市场要求企业不断加快创新速度，当全球化的压力越来越大，曾经短兵相接的竞争对手其实也可以在不损害各自的竞争优势的前提下，结成战略联盟。

2006 年，当淘宝与 eBay 在中国的竞争还未完全分出胜负时，一则消息引起了人们的注意，那就是雅虎和 eBay 宣布，双方将建立为期数年的战略合作伙伴关系。这则消息让长期关注 eBay 和淘宝激战的业界人士大跌眼镜。要知道，当时的雅虎中国实际上已经被阿里巴巴完全控制，同时雅虎以 10 亿美元持有阿里巴巴 40%的股份。因此，市场分析者怀疑阿里巴巴集团旗下的淘宝网与 eBay 的竞争将会由于雅虎的介入而受到影响。

对此，马云曾公开表示，雅虎和eBay的合作不会影响到淘宝的发展。雅虎在阿里巴巴只是个投资者，最终的决策还是由阿里巴巴来做；而雅虎中国已经是一个独立的法人实体，美国雅虎的合作不会影响到中国的业务。

马云还透露："事实上，我的参与促成了雅虎与eBay的合作。"在雅虎与eBay两家接触了一段时间后，马云随后扮演了进一步牵线搭桥的角色。在他看来，在竞争中有合作是未来互联网市场的发展趋势。

他向业界声明，自己虽然喜欢挑战强者，也向来不害怕竞争，但这并不表示他不会与竞争对手合作。

他说："我希望在美国出现这样的先例后，中国市场也能够随即引进这种状态。"马云表示，未来不排除阿里巴巴与竞争对手的合作，比如"淘宝与易趣，淘宝与百度，淘宝与Google，都存在这种可能性"。

的确，竞争对手之间的合作，常常能为企业消减投资成本，带来更大的利润空间。这主要表现在，双方通过合作，不仅可以共同分担产品开发的成本与风险，获取规模经济效益，还能共享资源与人才。这样，它们就可以更快地向市场推出具有竞争力的产品，或与更大的竞争对手抗争。

比如，通用汽车和福特公司之间的合作；日立和松下电器之间的合作；戴姆勒—克莱斯勒和通用汽车之间的合作；通用汽车和丰田之间的合作等。原本他们也都是短兵相接的对手，但是为了共同的利益、共同的目标，他们放弃竞争，选择合作，一起开发新产品，分享新理念和新技术，共同开拓市场……

由此可以看出，对手之间的合作，不仅能为自己带来诸多的好处，还能很大程度地促进整个行业的发展。

当然，我们不能说与对手合作是一个企业发展的必经之路，但在现代商业社会，企业之间本身就是既有竞争又有合作，竞争与合作是每个人都要面临的课题。只有正确认识和处理竞争与合作的关系，才能树立起正确的竞争意识与合作观念。如果对双方的发展都有好处，我们为什么不放下曾经短兵相接的积怨而选择合作呢？

所谓人多力量大，强强联手抢市场总比单刀匹马要容易得多。2010年，创维以10%的股份参股LG在广州的某项目。对于此项投资计划，创维集团副总裁杨东文曾公开表示，通过参股的方式不仅降低了投资风险，也在上游取得了主动。

可见，很多企业已经尝到了与竞争对手合作的甜头，并且，正如马云所推断的，竞争对手之间的合作已经成了如今企业发展的一种趋势。因为，人们都非常清楚，无谓的竞争必然会导致无谓的结局。生意场上的厮杀尽管也非常激烈，但毕章不同于战场，把对手击败是战争的最高目的，但商业上的合作往往比相互的恶性竞争更加有力量。

商场上没有永远的对手，也没有永久的朋友。所以，阿里巴巴人都会正确看待竞争与合作的关系，让企业在竞争和合作中走向成熟，

马云的自信来自他的团队

马云如是说：做企业最重要的在于团队，团队非常之重要。要记住，永远不要羡慕别人的团队，你现有的团队就是最好的团队。团队里面的教育背景、文化程度都不一样，如果我们公司每个人都跟我一样会侃，那是没有用的。我又不会写程序，我连电脑都不会看的……我自信不是因为我

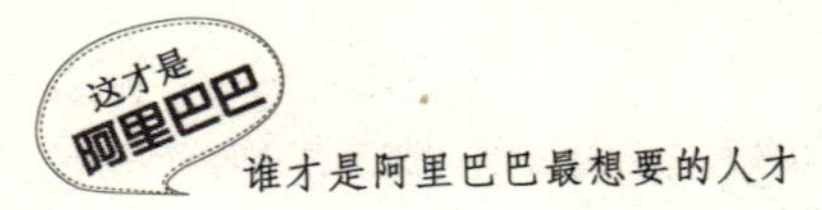

自己，我的自信来自于阿里巴巴的团队。

美国著名企业家凯克尔也说过类似的话：“我的成功，10% 是靠我个人旺盛无比的进取心，而 90%，全仗着我拥有的那支强有力的团队，因为众人拾柴火焰高。”

可见，一个组织的成功，不光是靠中层领导个人的智慧和才华，绝大部分的成功关键在于中层领导周边的那些追随者，在于他们助手的完美表现。

单打独斗的个人英雄主义的时代，已经向我们挥手告别。我们早已迈入合作就是力量、讲求团队默契的新纪元了。领导虽然位高权重，拥有领导统御的大权，但是如果缺少了一批心手相连、智勇双全的跟随者，还是很难成就大事的。任何组织，不管他们是球队、乐团、特遣小组、委员会，还是公司内的任何部门，现在需要的不仅是一位好的领导人才，更需要的是一位能投注于团队发展的真正领导人。

将团队定义为“一个联合而凝聚的团体”的管理大师威廉 · 戴尔，在《建立团队》一书中就一针见血地指出：近 15 年来，领导人在组织内的角色已经产生重大改变。他解释说道：“过去被视为传奇英雄，并能一手改写组织或部门的强硬经理人，在现今日趋复杂的组织下，已被另一种新型领导人取代。这种领导人能将不同背景、训练和经验的人，组织成一个有效率的工作团队。”

马云认为：做互联网公司，留不住人才是最大的失败。这其实不算什么高深的管理哲学，有点常识的人几乎都知道这个道理，但多数人都失败在这个上面。反过来说，马云的成功就恰恰得益于此。在当初做“中国黄页”时，除了马云他们几个高层管理人员外，很重要的是，他们有一支非常优秀的团队。

从 1995 年做中国黄页开始，他们都是一起在市场上摸爬滚打过来的。

大家一直都很团结，都对中国黄页怀有深厚的感情。这些员工都有着一股实干精神，里里外外都拿得出、放得下，这样的员工才是马云他们这个网络公司最大的财富。

看看周围的网站，人们就会问：为什么一些网络公司的人员变动比较大？因为很多管理者在做网站的时候，先是员工没日没夜地做，接着是大规模地炒作，但后来热情就降低了，大家开始时的很多期望都没有兑现，这时候新的网站做起来了，愿意花高薪聘请有经验的网络人才，造成原有的网站人才动荡。然而，中国黄页却不同，自开始运行以来大家都有一种很强烈的归宿感，都把公司当作自己的事业。

中国黄页在运作初期就考虑到了股份问题，马云把自己的段份中的很大一部分分给了和自己一起打拼的员工。马云认为，对待人才，是花大力气去培养他们，还是采取用过就算了的卸磨杀驴态度，会取得截然不同的两种结果。因此，他注重更多地关注人才的长期策略，他舍得花工夫跟员工沟通公司的经营理念，并且在经营理念基础上使大家形成一种共识。同时，在挑选人才的时候更看重的是人的品质，像三国时的吕布那样的人才，他们是不要的。

马云无疑是对的。其实，对人才二字的解读，第一位的是人，第二位的才是才。才可以有高低之分，可以人尽其才，各有所得；而人的品质、德行却只有好坏之分，坏则万不可用。有一句话说得好：世界上本无垃圾，只有放错了地方的财富。何况人的才能呢？

关于互联网现在最需要什么样的人才，马云认为最需要的是有传统产业背景的人才，具有非常强的市场销售和一定运作能力的人才。互联网公司喜欢从别的公司挖人，挖来挖去都成了近亲繁殖。他们有一次招聘一个从广告公司过来的人员，那人谦虚地说自己不懂互联网，马云就对他说："这正是你的优势呀，我们要的就是'不懂互联网的人'。"后来那人利用自己

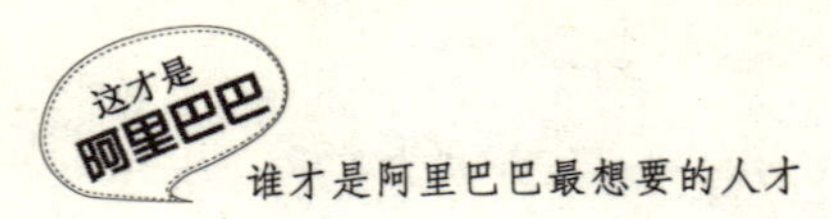

在传统行业里的优势，很快就成了业务骨干。马云坚信，只要人品好，是个热血青年，有激情，跟这样的人共事是能够做出一番事业的。

马云认为，竞争对手能够拷贝一个网站的模式，但是无法拷贝这个网站的文化，无法拷贝他们的团队。马云相信，凭借他们富有创造精神的团队，即使所有的机器在瞬间毁于一旦，他们也能在最短的时间内重建阿里巴巴。

马云在总结中国IT业的得失后认为，一艘性能良好的船，一支素质良好的船员队伍是非常重要的。我们今天做了一艘很好的船，又有一支很好的船员队伍。等我们浮出水面的时候，大风大浪都会来的。如果船不好，有可能沉下去的。如果船员素质不好，大风浪来时，大副找不到二副，二副找不到三副，整个团队就要乱套的。所以，阿里巴巴强调形成一个非常好的团队。一个好的产品,一定需要一支良好的团队。在阿里巴巴团队之中，没有人因为自己的股权相互间发生过任何的口角。

他们创业的人共18个，现在全部都在公司担任着不同的职务，而且每个人都很普通。公司成立的第一天马云就说，如果我要开除员工，就要先把我开除。

现在他们的管理队伍不断地有海外力量加入。阿里巴巴牢牢把握当初的约定，要想当director（主管）职位以上的人，必须是在海外受过3年到5年教育，或工作过5年到10年的。这是个死命令，一起创业的18个人，可以当连长、排长。团长、师长以上的人，马云统统从外面请。一支军队光有团长师长也不行，得有一大批敢冲敢杀的连长排长。就是要贯彻马云原来说的：东方的智慧西方的运作，全世界的大市场。因为他必须对西方市场有认识。中国人的智慧够，但运作能力不行，家族气、小本本主义、小心眼，这些东西都不行。西方很多东西用系统来保证，而我们中国是用人来保证。所以公司在选人的时候要用系统来保证公司健康。

马云也非常怀念大家挤在一个小小的办公室中的时光。当时他们那么多人在一个房间工作，非常真诚的交流，各种各样的问题都出来了，那时候可以说是一种宿舍文化，这些文化最后传播到了其他新来的员工身上。马云经常对员工说：你们要珍惜今天的友情，因为五年以后你们各自都是董事，到了公司办公室大的时候我都找不到你们，现在我们天天见面，一年以后我们一个礼拜能不能见一次面都很难说。现在他们很多当时的员工都分配在各个地方，他们一个月都见不到一次面。

虽然创立之初的阿里巴巴很穷，十八罗汉并无抱怨，还是乐呵呵地跟着马云一起穷开心。那些年轻人很单纯，他们只是觉得自己在做一件很有意思的工作，他们无条件地相信马云，认为马云会给他们带来一个又一个奇迹。阿里巴巴的员工从那时候就有一个显著特点，每一个人都很平凡，平凡到你会认为他们根本就不是精英，而是普普通通在你身边的朋友。但是每一个平凡人相信自己会做不平凡的事业，因为他们有信念，为了这个信念，他们不惜一切地为着这个目标而努力。

这就是马云的魅力。有人曾经评价：马云是一头狮子带着一群羊在森林里走。这条路非常艰辛，但是他们走得无怨无悔。这些羊群在狮子的带领下，一天比一天坚强，一天比一天更具远见，最后他们也慢慢地成为了具有狮子品格的羊。这样的羊在战场上，应该比具有普通品格的狼更有坚韧力和持久力。也许很具有爆发力，但是一个互联网从开始到最后的成功，不具有艰难久远的长期作站的思想准备是很难坚持到最后的。所以，在互联网历史上，许多狼慢慢地退出了历史舞台，也许他们在找寻更适合自己的天空，但是坚强的羊群们，仍然具有最初的耐心，一直坚持到了最后。

现在的阿里巴巴，已经形成了几乎无可挑剔并令人艳羡的高层管理班底：在 GE 工作了 16 年的关明生就任 COO（首席运营官）；法学博士、加拿大籍台湾人、曾在欧洲 InvestAB 公司做副总裁的蔡崇信任 CFO；雅虎搜索引擎发明人，美国籍上海人吴炯任 CTO。再加上 CEO 马云，这样公司就组成了坚强有力的 4 个“O”的团队。

这些人在原来的公司都已经做到高层，并且阿里巴巴并没有用高薪挖他们，在职位上也没有升迁。他们看重的不是这些，他们看重的是马云和阿里巴巴的企业文化和前景。

第 07 章

奋力竞争的人
——阿里巴巴一直在竞争中壮大

马云说："这世界上永远不要想垄断，永远不要做垄断，也做不成垄断。信息时代谁想做垄断，谁就会倒霉。"事实上，在马云看来，竞争不过是一种游戏。但是，游戏有游戏的规则，正因为他本人一直遵守这种游戏规则，才能在屡次不被人们看好的竞争中遥遥领先。

不当垄断的“野心家”

在马云率领的淘宝一举打败 eBay 之后，有人传言，马云试图垄断中国的电子商务市场。对此，马云表示，自己追求的是“经历”，成功也好，失败也罢，都是经历的一部分。他说：“我将来还会去干老本行——教师，当企业家永远有比你更成功的，但像我这样经历的老师恐怕没几个。”

有很多企业，它们竞争的目的就是要垄断某个行业，为的是加大利润空间，赚更多的钱。事实上，正如马云说的：“在一个行业里，一枝独秀是不行的，也是危险的。”当你事事都处于领先的时候，你的行业对手便会把所有的矛头都指向你，正应了那句“枪打出头鸟”的俗语。甚至，因为你的领先，别人会联合起来对抗你，一旦这种局势形成，你在明处，敌人在暗处，并且敌众你寡，试想，你的胜算还有多少？

所以，在商业竞争中，尤其是在一个还不成熟的行业中竞争，垄断心态是不能有的。如果只是一味与竞争对手争输赢，而不顾市场的平衡与发展，那么必将遭到市场的惩罚。

Beta 是台湾录像机市场的两大系统之一，另一个系统为 VC 公司的 VHS 系统。前者是台湾新力公司的成功发明，它使这家公司一度在电子技术领域占据非常重要位置，但也正是这个发明让新力公司摔了一个大跟头，输给了对手 VC 公司。

新力公司在发明录像机系统之后，一直想垄断录像机市场，不给对手机会，所以它坚持不肯将技术同时和对手共享。

新力公司对技术的严防死守确实在短时间里造成了行业垄断，也带来了巨大的利润。JVC 公司的 VHS 系统无法和新力公司相抗衡，在生产的品质和技术上都明显落后于对手。这种情况下，VC 公司下决心开发出新的系统，以打破新力公司的垄断地位。

由于 JVC 以公开技术的方式和其他的大公司合作，所以它周围立刻积聚起了一支庞大的技术队伍，世界其他电子公司的技术 VC 公司也可以分享，因此世界上使用 VHS 规格系统的公司越来越多，新力公司陷入了孤立的境地。

采用 VHS 系统的厂家为了同新力公司竞争，联合起来挤占新力公司的市场。由于这支队伍实在太庞大，输赢立刻便见分晓。

新力公司知道形势对它非常不利，这时如果它立即和其他公司合作，尽管会给自己造成一部分损失，但也不至于一败涂地，而且还可以发挥自己的技术优势。但新力公司不甘心，它决心在这场世纪大战中坚持下去。为了达到目的，它将巨额资金投入到广告之中，它的技术水平也越来越高。可是消费者已经用惯了 JVC 公司的产品，要改变这种习惯谈何容易。因此，新力公司的行为不但无法挽回它的劣势，反而让自己越陷越深，最终彻底失效。

1988 年春天，新力公司承认了自己的失败，宣布 Beta 系统不如 VHS 系统，决定放弃自己固守的阵营，加入到对方的行列。

事实上，当某个行业的企业拥有并且控制了行业生产所必需的某种或某几种生产要素的供给来源，或者是在技术上领先的时候，常常会形成一种自然垄断。

但是，这种自然垄断形成以后，如果企业的功利心太强，不顾及行业的整体平衡和发展，势必会惹起众怒。这个时候，你还会有好日子过吗？

其实，正如马云说的：“在中国，只有三足鼎立才能使一个行业发展起来，至少做大三家才会有钱赚。一个很好的例子是TOM进来了，三大门户网站不打架了，为什么？因为大家都成熟了，这个行业也渐渐成熟了。”

这也就是竞争对手共同把蛋糕做大的市场效应。市场的扩大使企业获得的份额也相应地增大，正如竞争战略第一权威——哈佛商学院的迈克尔·波特教授所言：“‘竞争对手’的存在能够增加整个产业的需求，而且在此过程中，企业的销售额也会得到增加。”

所以，在阿里巴巴竞争的目的不是垄断。良性的竞争既能让阿里巴巴本身得利，也能让整个行业发展得更加迅速。

学会在竞争中成长

在酷似战场的商场中，敢于竞争是把公司做大、做强的一个必然要求。有些人，当对手的矛头指向自己的时候，只会一味地妥协、让步，这样只能让你走向失败；而有些人，面对竞争对手时依然不屈不挠，即使明知道胜算无几，也要背水一战，因为他们非常清楚，这样做至少还有一线希望，而主动退让却只有死路一条。所以马云说：“人要被狠狠PK过，才会有出息。”

马云无疑是一个敢于竞争的企业家，阿里巴巴就是在竞争中逐渐蜕变成蝶的。对此，马云形象地比喻道：“就像武侠小说里所描写的，一个有资质的人才总会在一次又一次的比武中得到一些非同寻常的顿悟，进而功力大增。”

在2002年7月之前，邵亦波等“海归派”一直是中国国内C2C在线拍卖领域的龙头老大。当时的市场局面是：全球C2C霸主——女将惠特曼领导下的eBay网，在2002年3月，以3000万美元购买了“易趣”33%的股份。而仅仅是3个月之后，eBay网又向“易趣”追加1.5亿美元的投资，收购余下的67%的股份，实现了对易趣的完全控股。就这样，由邵亦波等人在1999年创办的“易趣网”，在互联网这个行业“底家通吃”规律的作用下，成功地实现了两“易”的合并。

而马云并没有被这种阵势吓倒，在这之前，马云就率领他的团队，在杭州开始秘密地制造另一个C2C网站，准备挑战这个行业的霸主。2003年7月，马云正式宣布：阿里巴巴投资1亿元，进军C2C领域。

马云此举并非一时冲动，而是经过深思熟虑之后的战略抉择。多年之后，马云在接受《第一财经日报》的采访时说：“其实我们为进军C2C市场准备了近10个月的时间，还成立了一个部门来专门运营这项工作。去年已经有很多大型品牌厂商进行了很多尝试，大概两三个月以前，就有很多的厂商进来开店，他们都反映效果非常好，这才促使我们现在推出来。”

事实上，商业舞台时常都是风云变幻的。2007年8月30日，TOM在线宣布启用“易趣网”全新平台，正式脱离eBay，长达4年之久的eBay易趣时代正式宣告终结，取而代之的是全新的阿里巴巴时代。

在商界就是这样，只要你敢于挑战对手，你就有新的机会。无独有偶，同马云一样，一手挑起彩电行业价格大战的长虹前总裁倪润峰也是一个非常敢于竞争的企业家，而正是他的这种“好斗”性格让长虹创造了中国商界的奇迹！

2005年8月6日，长虹以高达398.61亿元的品牌价值，位居中国最具价值家电品牌第二位。当谈及倪润峰如何让长虹这家地处偏远内地绵阳的国营小公司，一步步发展成为彩电大王时，很多人都知道，这和他好斗的性格是分不开的。

军人出身的倪润峰作风强悍、顽强好斗。1989年8月，国家征收彩电特别消费税，倪润峰根据市场形势，率先在国内做出彩电降价300元的决定，启动了停滞的彩电市场，打破了销售僵局，使资金快速回笼，救活了当时已经陷入困境的长虹。

1995年，倪润峰提出长虹的使命是“以产业报国、民族昌盛为己任”。这一宣传口号，在当时极大地燃起了人们的民族意识，反响极其强烈。

1996年，由于当时我国彩电关税由35%下降到23%洋彩电借此机会蜂拥而入，挤占国内彩电市场，甚至有国际彩电制造商喊出“不惜30亿美元也要占据中国彩电市场的绝对份额”的誓言，并定下了“打败一个公司，挤占一个行业”的目标，进而全面垄断中国的彩电市场。

资料显示，当时日本索尼公司已同上海合资建设了年产量为100万台的彩电厂，由索尼控股生产索尼牌彩电；飞利浦公司与苏州孔雀合资生产飞利浦牌彩电，年产量为100万台；天津与韩国三星合作生产三星牌彩电，计划3年内产量超过300万台。据估算，当时国内彩电市场年需求量约在800万台左右，而国际彩电巨头在中国的合资厂所生产的外国品牌彩电年产量已经达到了1000万台。而此时，国内的彩电生产公司超过了200家，却没有一家有足够的实力跟国际巨头抗衡。

面对“洋彩电”大举进军的严峻市场形势，倪润峰再一次拿起价格武器，率先打响了反击的价格战。该年3月26日，长虹宣布：从即日起，长虹所有品牌彩电一律降价销售。因为降价幅度过于惊人，以至于很多人都认为倪润峰这是在“自寻死路”。

但这些人没有料到的是，在此番价格大战中，倪润峰成功地运用了之前营造的微妙的“民族意识”，再配上凶狠的“价格策略”，使得长虹获得了大量订单，彩电的市场占有率一路攀升，由1995年的22%猛增至35%，成了中国名副其实的彩电第一品牌。

当今商场上，可谓是“弱肉强食，适者生存”。虽然，在与对手的惨烈竞争中，毫不留情地对对手予以打击，会使人感到比严冬还要冷的寒意。但人在商场，身不由己，你不主动向对手提出挑战，对手就会悄无声息地把你打个落花流水。而一个人要想在商战中站稳脚跟、壮大自己，就该直面竞争，主动参与竞争，只有这样，方可在竞争中成就自我。

能向好的竞争对手学习

人们常说“对手是你学习的榜样”。但是，由于受“同行是冤家”、对手即敌人等观念的影响，人们从来都只是仇视竞争对手，更别谈向竞争对手学习了。正如马云说的：“竞争者是你的磨刀石，把你越磨越快，越磨越亮。”在马云看来，竞争最大的价值，不是战败对手，而是向竞争对手学习，发展自己。

如今的商界有这样一些失败者，他们或是逃避竞争，或是轻视竞争对手，他们被打败以至消亡的一个重要原因，就是单方面地仇视对手，漠视竞争对手的长处，不愿虚心向竞争对手学习。

然而，就像武侠小说里所描写的那样，一个有资质的人，总是在一次又一次的比武中实现自身的进步。而这个有资质的人，他的身上必然有这样一种特质：善于选择好的竞争对手并向他学习。所以，在现实的商战中，竞争者往往能成为最好的老师，而选择优秀的竞争者也就显得尤为重要了。

当然，若是竞争对手是个赖皮型的，别说向他学习了，就算你不去招惹他，你们之间也会陷入到恶性竞争中；而如果你选择了一个优秀的竞争者，那么你要做的就是了解对手，学习对手，最终超越对手。

eBay在全球C2C市场的实力以及对中国市场的窥视，使马云选择了eBay作为竞争对手。在淘宝总裁孙彤宇看来，eBay是一个非常好的“陪跑员”。孙彤宇说：“就像小时候我考体育，跑百米有一个非常深刻的体会，两个人两个人地考，我就找一个比我差的人，我觉得我比他跑得快，感觉很爽。可后来我发现不对，我要找一个比我跑得快的人一块跑，我才能跑出比原来好的成绩，因为他跑在我前面，我就会想要超过他，这是‘陪跑员’的责任。对于企业来说，这可能比较自私。但如果身边有一个跑得慢的人，你确实很爽，尤其是当离得很远时，你会不断地回头去看，甚至还会停下来朝他望望，有可能还点根烟抽抽。所以，我们要的是比我们跑得快的人。”

而马云也认为，竞争是一种游戏，不是你死我活的战争。电子商务行业的成熟是多个互联网公司共同发展的结果，只有竞争才会有更快速的发展。他说：“我希望到时候能看到一个百花齐放的景象。阿里巴巴为其他公司提供了经验教训和资源，其他公司发展起来，也会给阿里巴巴带来很多好处。”

无论是一个企业，还是企业中的个人，有竞争心理是一种非常积极的态度。有竞争才能激发动力、增强活力，促使企业或个人不敢懈怠，从而不断推进企业或个人进步。

事实上，在我们的生活中，尤其是在商场中，竞争无处不在，无时不在。有的人把自己的竞争对手当作榜样，跟随他，学习他，然后让自己变得更强大；而有的人则把竞争对手视为“毒蛇猛兽”，视为老死不相往来的“敌人”，甚至千方百计地诋毁对方，不择手段地争夺竞争资源；还有一些人，在竞争对手面前，不知道学习对方的优点，总是企盼把对手一棒子打死，或是仰天长叹“既生瑜，何生亮”。

马云曾经说过这样一段话：“打着望远镜也找不到对手，我看到的都是我学习的榜样，这家公司不错，我得好好学学，咦，这个也不错……”的确，“人外有人，天外有天”。向竞争对手学习，这是最直接也是最能看到自身不足的方法。从竞争对手那里学会竞争，在与竞争对手的比较中不断完善和发展自己；向竞争对手学习，还要善于总结别人的成败得失。尺有所短，寸有所长，不要羡慕别人的成功，更不要鄙夷别人的失败，应学会分析和总结现象背后的本质，找出别人失败或者成功的原因，取其长补己短，这样才能不断丰富自己、超越自我，从而获得更大的成功。

一个非常出色的职业经理人说：“我的很多知识、经验都是从我的竞争对手那里学来的。”尤其是从对手的成功中总结经验，加以变通和运用，才是一个企业实现快速成长的途径。

除此之外，马云还说：“当有人向你叫板的时候，你要首先判断他是一个优秀的竞争者，还是一个赖皮的竞争者，如果是一个赖皮的竞争者你就放弃。但是在我们这个领域里，我首先去自己选择竞争者，我不让竞争者选我，当他还没有觉得我是竞争者时，我就盯上他了。”

在马云看来，被动地被当作竞争者，往往就是敌人在暗处你在明处，当对方向你开炮时，你却只能糊里糊涂地跟着打。但是，如果你能主动选择竞争者，那么就成了敌人是被动。正如马云说的：“所以这几年别人在模仿我们，却不知道我们究竟想做什么。我选竞争对手的时候首先要看他们要去干什么，我在那里等着。”

做永远尊重竞争对手的人

阿里巴巴网站的出口企业用户曾收到过两封匿名传真，称美国“国际反伪联盟”已经把阿里巴巴定义为“世界各地假货供应商和批发商汇集的地方”，这显然是一次“被某些竞争对手公司幕后操控的不正当竞争行为”。阿里巴巴的发言人就此表示：“我们认为，任何企业在竞争中都应该遵守基本的商业准则，靠实力竞争，特别是作为国际企业，更应该尊重各个国家的政府及企业。阿里巴巴公司将用更好地为中国和全球企业服务来证明自己的实力。”

阿里巴巴的这一声明，再一次让业界刮目相看。其实，早在营运初期，阿里巴巴就给自己制定了两个铁的规定：第一，永远不给客户回扣，谁给回扣，一经查出立即开除，否则客户会对阿里巴巴失去信任；第二，永远不说竞争对手的坏话，这涉及一个公司的商业道德。马云坚持所有在阿里巴巴上网的商业信息，都必须经过信息编辑的人工筛选。

正如万通投资控股股份有限公司董事长冯仑所说：“企业价值观就像立牌坊，20年不够，40年也不够，争取自然而然不用守它也在那”。这就是未来阿里巴巴的一个出路。阿里巴巴从创业之初到现在，一直坚持着这种企业的价值观，并且还将继续坚持下去。

然而，在我们的周围，常常有些人为了销售自己的产品而不惜诋毁竞争对手。在阿里巴巴看来，如果这只是企业中的销售人员的个别行为，而企业又不加以制止，那么，企业很可能会败在这样的人手里；而如果是企

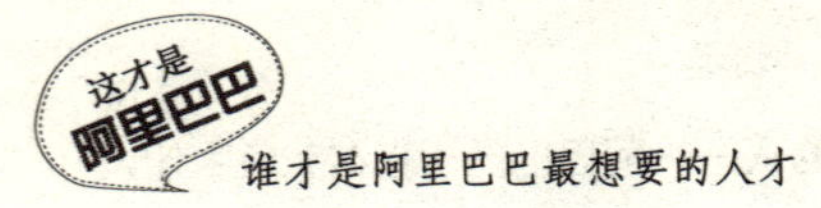

业本身为了在竞争中凸显优势，而极尽可能地去贬低别人，抬高自己，那么这样的企业即使能够得意一时，也无法长久发展下去。从现实生活的实例中，我们就完全可以证明这一点：比如说，一位顾客想要买车，在第一家车行，销售人员给他介绍完车的品牌优势、车型、品质等有关问题之后，接着说："你知道旁边那个车行吗？他们品牌的车排气系统一向做得不好。几年前，他们的某款卡车就在全美出现了排气系统的问题……"

虽然顾客当时不会说什么，但是心中却已经完全否定这个车行了。因为这个销售人员企图用贬低竞争对手的方法抬高自己，他关注的不是顾客的需要，比如哪个汽车的款式比较适合顾客等，而是急于做成这笔生意。其实，这样做不仅无法赢得客户的好感和信任，甚至还会让他怀疑这个车行的售后服务质量。

所以，永远不要说竞争对手的坏话。恶意攻击竞争对手就是在告诉潜在客户，你充满了仇恨、愤怒，甚至可能是卑鄙的，这通常会无意识地让你的竞争对手占上风。

尤其是作为阿里巴巴人，更要严格杜绝员工用"诋毁竞争对手而抬高自己"来实现产品的销售。当然，为了提高自己的销售率，我们大可以用其他方法，比如：你是一家初创的公司，而你的竞争对手是一家大型、稳健的公司。你经过调查后知道，竞争对手的客户服务功能不是很完善，员工常常以傲慢的态度对待客户；相反，你的公司非常易于相处。因此，在和顾客介绍自己的时候，你要尽可能地展现出你的优点，让客户自己做比较，而不是直接去贬低竞争对手。

当然，在阿里巴巴要做到这点，你首先要有一个开阔的胸怀。在与竞争对手过招的时候，即使被别人打败，也不心存怨恨，只怪自己功夫不精，从此苦练本事，认真研究对手的长处和自己的短处，确定自己有了足够的实力后再去比试，这才是良性状态下的竞争，它更能推动你自身的发展。

能充分了解自己的竞争对手

《孙子兵法》中有句话说："知己知彼，百战不殆；不知彼而知己一胜一负；不知彼，不知己，每战必殆。"意思是说，在与敌人作战的时候，既了解敌人，又了解自己，便能百战百胜；不了解敌人而只了解自己，胜败的可能性各占一半；既不了解敌人，又不了解自己，那就只有每战必败的份儿了。

这一战略思想，不仅被古今中外的军事家们所推崇，如今更应用于各个领域，备受商界青睐。因为，军队是在战场上拼杀，企业是在市场上作战，二者有相当的相似性。在21世纪的今天，要想在商战中击败对手就需要我们自己对对手有所了解，了解对手经营的产品、产品销售的市场、产品的适用消费者、产品原料的供应商等。

马云之所以能率领淘宝网击败行业老大eBay，有一个很重要的原因，就是他非常了解对手，而对手却忽略了他。正如他自己说的："我们与竞争对手最大的区别就是我们知道他们要做什么，而他们不知道我们想做什么。"

早在这场"战争"开始以前，马云就长时间关注着eBay的一举一动，"eBay公司所有的高层资料我们都会详细分析，他们在世界各地的各种打法，他们擅长的各种管理手段和应招特点，我们都会仔细研究。"马云说："因为eBay是上市公司而阿里巴巴不是，惠特曼对淘宝的了解远不及我对eBay的了解。"

在与eBay的交战中，马云不仅做到了知彼，也做到了知己，他正视

eBay的强大，也清醒地认识到淘宝的优劣势。对此，他有一个形象的比喻："eBay是大海里的鳖鱼，淘宝则是长江里的鳄鱼。鳄鱼在大海里与鳖鱼搏斗，结果可想而知。我们要把鳖鱼引到长江里来，和海里的鳖鱼打，进了大海我们一定会死，但是在长江里打，我们不一定会输。"

正是基于对对方的深入了解，也明白自己所处的位置，马云才能在淘宝与eBay的竞争中游刃有余地指挥操控，且没费太多的周折就将其击败。

事实上，不只是马云，在激烈的商业竞争中，能够主动地、客观地、深入地评估自己和对手的实力，从而采取有效的方法，是每个人获得成功的关键要素之一。也就是说，知己知彼是一个人在竞争中走向胜利的第一步。

当然，在阿里巴巴我们如何走好这一步，就要看我们下面怎么做了。

首先，要"认识你自己"，即认清自己的优势有哪些，劣势是什么。优劣势是在竞争中不断变化和发展的，因而只有在竞争的具体过程中才能认识。当然，值得我们注意的是，"知己"并不是一次就可以完成的，它需要我们在竞争过程中不断反馈、不断调节才能做到。

其次，仅仅"知己"还不够，还要"知彼"。比如，首先我们要知道对手是谁、对手的产品在市场上的品牌效应、对手的军队数量、能量等方面的信息。在这里我们一定要提醒大家，我们不仅要面对直接威胁到我们的对手，更要挖掘出潜在对手，或者隐对手。

在这方面，很多人会"一叶障目，不见泰山"，往往只看到同自己面对面直接进行着交锋和角逐的竞争者，而忽略了那些"坐山观虎斗"等着收渔翁之利的潜在对手，但这样的对手往往更加危险。因为在你与其他竞争对手交锋时，他却在养精蓄锐，一旦时机成熟就突然出击，使你防不胜防、措手不及。所以，在行业竞争中，除了要了解直接威胁到你的对手，还要弄清潜在对手，做好防备，随时准备对潜在对手的突然袭击进行反击。

做到“知己知彼”之后，竞争者便可以根据不同的对手制定相应的对付措施，以己之长克人之短。一般来讲，在“知己知彼”的情况下，有效的竞争策略可以采取进攻和防守两种方法，这通常包含如下三种技巧。

第一，使自己处于适当的位置，以便在同现有的各种竞争力量抗衡时发挥最佳的防御作用。也就是说，在竞争结构已基本稳定的前提下，自己可以或者建立起一种防御各方面竞争力量的地位，或者选择各方中竞争力量最薄弱的环节各个击破，以保持自己的优势地位。

第二，打破各种竞争力量之间的平衡，影响或改变竞争力量的发展进程和力量对比，以此来保持自己所处的相对优势的位置。

第三，要善于充分利用竞争各方力量的变化。随着竞争的进行，各种竞争力量之间会发生量和质的变化。竞争者应当敏锐地预见到这种变化，并在其他对手还未意识到之前采取一种与即将出现的竞争格局相适应的对策。这样，自己就可以在新的竞争环境中处于居高临下的有利地位，既可进攻，也可防守。

总之，“知己知彼”是夺取胜利的基本前提，也是制定有效竞争策略的基本依据。但我们还要注意一点，在竞争的过程中，要尽可能地顾全自己，不要把自己暴露给对方。

就如马云说的：“以前香港的很多人都问我是怎么赚钱的，我跟他们说，我不告诉你，我为什么要告诉你？前几年你是什么模式谁都有权力责问你，就像问一个女孩子你几岁了，这是不礼貌的。所以那时候我说我不告诉你，除非你是我的投资者，所以我的投资者在跟了我三四年以后才明白。当然我们这么说不是永远不告诉你，上了华尔街以后一切都是透明的。今天的

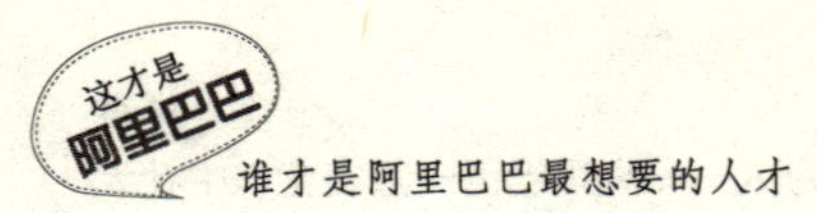

阿里巴巴模式不是我们未来的模式，不跟别人探讨模式，并不意味着我们没有模式，等我们跟你探讨模式的时候，我们这个模式已经成了昨天的事情，这是一个做企业的基本道理。如果你告诉别人你的模式有多好，你一定会出问题。”

事实上，一个参与市场竞争的企业，若能做到以上所提的这些，就可以游刃有余地采取进攻和防守两种基本策略，为获得竞争的最终胜利创造条件。

第 08 章

直面挫折的人

——危机是阿里巴巴的好机会

很多人都羡慕马云的成功，在他们看来，马云整天不用做什么事情，动动嘴，别人就会把一切都处理得井井有条。然而，他们只看到了成功的阿里巴巴人在享受成果时光鲜的一面，却忽略了他们在商海里打拼的时候，那种惊心动魄、九死一生的过程。

就是在刀光剑影中求生存

有人说："当下职场是在刀光剑影里求生存。"这话一点不假，做最好的职业人并不是一件容易的事情，这其中充满危险，一不小心就可能身心俱伤。

就拿马云来说，从创办海博翻译社开始，给别人做翻译到美国追债，结果自己差点无法回国；接触互联网后，一心想要做个像样的中国黄页，结果因为得不到客户的信任，而被当成骗子；后来好不容易中国引进了互联网，澄清了自己不是骗子，但又因为对手的打压，一直艰难度日；为了背靠大树好乘凉，选择了和对手合作，结果却只是一个骗局。

虽然经历了这诸多的挫败，但马云从来都没有放弃过。离开中国黄页后，他开始第二次创业，也就是创立今天的阿里巴巴。经过三年的艰苦挣扎，终于迎来了出头之日，但是，虽然表面上看起来，一切都越来越好了，可谁知道以后还会发生什么？

互联网本来就是个变幻莫测的行业，常常是"你方唱罢我登场，各领风骚三五年"。虽然今天不再像从前那样，付出了再多的努力，却依然胜算无几，但是，"当下职场就是在刀光剑影里求生存"这一比喻还是非常形象的。一个从业者无论何时都要不断武装自己，随时准备好接受别人的挑战……

在阿里巴巴工作的确不是一件容易的事，但在一些优秀的人才看来，在阿里巴巴工作是一件很美妙的事情。一般来说，在阿里巴巴工作的人体内似乎有着某些特殊的基因，诸如创造的欲望、不灭的激情、面对风险的勇气等。为了满足对梦想的追求，对自我证明的渴望，他们选择了在阿里巴巴工作。对于他们而言，在阿里巴巴工作是一种乐趣，无论遭遇怎样的困难和挫折，他们都能坚持不懈、不屈不挠。

《赢在中国》中潘诚是作为评委的马云最为欣赏的一个选手。他的职业生涯可谓是一波三折，不过他倒也乐此不疲，在一次又一次的职业经历中不断地积累经验和资本，并享受着“刀光剑影的生活”。

1994 年，学光电子技术专业的潘诚带着“趁年轻气盛时干一番事业”的想法，辞掉了有着高薪高待遇的工作，和一位朋友合伙在广州开了家工厂，生产游戏机、电话机等电子产品，从此路上了艰难的成功征程。

潘诚以两万元起家，虽然只坚持了短短八个月，但还是赚到了一些钱。潘诚回忆说：“刚开始，我们生产的电子产品还是很畅销的。后来，由于生产同类产品的厂家越来越多，竞争也越来越激烈，导致整个行业的产品价格下滑，最后几乎没有利润可图。”

然而，正当潘诚在磨难中艰难挣扎时，接下来发生的一件事，几乎给了这个初出茅庐的小伙子致命一击。原来，潘诚的那位合作伙伴眼见产品价格下滑，获取利润越来越艰难，便将他俩半年辛苦赚来的七八万元钱全部卷跑，至此杳无音信。

1995 年，潘诚开始二次创业，他和大学同学一起开了家电子元器件代理公司，主要代理芯片和家电集成块等。由于手上资金缺乏，无法接触到大市场、大客户，这次创业同样以失败告终。

1996 年 7 月，潘诚只身前往香港，重新开始了打工生涯。他在香港一家做监控工程的公司工作，一干就是四年，成为了销售经理。

到了 2000 年，梦想未灭的潘诚再次辞职，从香港回到广州，和一个朋友合伙开了家工程公司。由于积累了四年的监控工程从业经验，公司盈利情况还不错。但是时间久了之后，潘诚觉得做工程的潜力不是很大。2003年下半年，潘诚果断地将经营了三年的公司卖掉，利用筹来的资金重新成立了一家电子产品公司。

2003年10月，潘诚的公司和一家广州的公司签了一份协议，做那家公司产品的全国总代理，协议的有效期是一年。潘诚做到第十个月的时候，该产品的销售突飞猛进，厂家对销售客户也越来越了解，便单方终止了协议。这样，潘诚的公司又陷入了困境。

他说："这个时候很多人都在劝我，把公司关了，退一步海阔天空。我听到这句话时，总能想到《大宅门》里白景琦的父亲讲的一句话：'我进一步多么不容易，我为什么要退一步？'"

在刀光剑影中，潘诚没有放弃，他选择了坚持。

2004年，潘诚成立了广州铭视数码科技有限公司。经过辛勤努力，他将自己的公司发展成了集研发、生产、销售于一体的多功能企业，取得了丰硕的成果。

在《赢在中国》的舞台上，潘诚说了自己的一些看法，他说："所有工作都是一个经验积累的过程。我觉得可能要注意两条：第一个要注意变化，第二个要注意坚持。这看起来是矛盾的两方面，但又是协调统一在一起的。"

谈到变化，人们在开始成立一家公司的时候，很多东西都不会，都需要学习。学习怎样处理和客户、公司股东、员工的关系，学习如何管理公司，一个老板在人事、财务等方面也都要懂一些，这就要不断地学习。

第二个就是要坚持。很多时候，在困难面前如果再坚持一下，我们就是最后的胜利者。

潘诚的经验和马云有着很多共同之处，例如变化，例如坚持。在阿里巴巴的年轻人应该好好向他们学习，掌控自己的命运，最大限度地发挥自

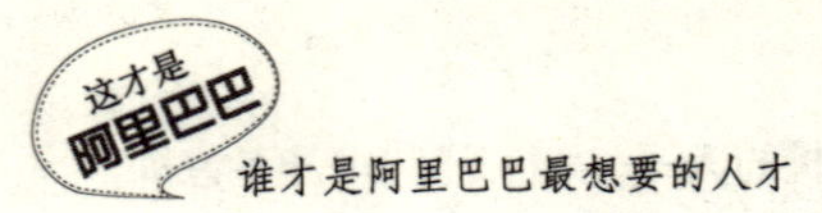

己的潜能。职场虽然充满刀光剑影，但只要你有一颗勇敢而执著的心，你就一定能到达成功的彼岸。

阿里巴巴也要居安思危

古人云："安而不忘危，治而不忘乱，存而不忘亡。"这一治国安邦之策对于阿里巴巴的选材要求同样适用。

马云表示，作为阿里巴巴人来讲，在看到未来美好前景的时候也要预测出未来的灾难。我们知道，做企业，虽然能长盛不衰的不在少数，但昙花一现的也多得惊人。

在当下，企业之间的竞争越来越激烈，"优胜劣汰"已经是无情而残酷的商场的唯一法则。但是，优与劣之间，其实也是可以实现相互转换的。而一个企业的优劣转换，关键就在于那些掌握了企业命运的管理群体是否具有危机意识。领导者有了危机意识，就会激励员工奋发图强、防微杜渐，想方设法防患于未然，拒危机于千里之外。即使危机不可避免地发生了，由于准备充分，也能挽狂澜于既倒，将损失降到最低，转危为安，保持企业的繁荣昌盛。反之，如果领导者危机意识淡薄，其带领的团队自然就难以形成危机观念，企业就会停滞不前，甚至走下坡路。等危机真的发生了，他们又会慌乱失神、束手无策，最终使企业陷入困境。

作为阿里巴巴的带头人，马云之所以能扛过互联网的冬天，在强大的竞争对手面前，一次次地脱颖而出，关键就在于他时刻都有一种危机意识。他有着防患于未然的敏锐洞察力，并能在危机来临之前，尽最大的可能去化解经营中的潜在风险。

事实上，一个团队自诞生之日起，就不可避免地进入了一个不断与危机作斗争的过程。能警觉、能预见、能克服、能战胜危机的团队，自然就可以发展壮大。

而有些人总是有了一点点成绩就开始沾沾自喜、妄自尊大，一心沉浸在享乐中不能自拔。他们就像一只井底之蛙，不知道天外有天，更不会去想，商场是个充满变数的地方，一不小心优劣之间便会发生转换。当然，这样的人终究会在无情的竞争中被淘汰出局。

古人说："兵无常态，水无定形，守业必衰，创业有望。"作为阿里巴巴的一员，切不可贪图享受，奢望一劳永逸。一位企业家曾说过："我们始终生活和工作在忧患之中，任何发明和创造以及在竞争中的胜利，至多只能高兴5分钟！"

因此，一个人要想在职场有更好的发展，必须居安思危，不断进取。要随着主客观形势的变化不断调整自己的思路，迅速实现市场意识的转变，要从满足市场向创造市场转变，从狭隘的市场向广阔的市场转变。企业的发展是永无止境的，当然，危机也会始终伴随着企业的整个发展历程。

2007年年初，人们开始盛传，整个商业市场的冬天可能马上就要来临。对于这些，马云表示，他花费了大量的时间，一直在研究，未来将会有什么样的灾难，遇到灾难该怎么办等等。

在阿里巴巴刚上市的时候，马云就给阿里巴巴所有的同事写了一封信，他说："因为现在整个世界的经济都出了问题，在这样的情况下，所有的企业都要准备好迎接挑战。"当然，这封信不是说阿里巴巴有冬天，也不是说互联网有冬天，而是每个人都要有过冬的意识，每个人都要有忧患意识。

在这封邮件中，马云还判断，作为阿里巴巴的主要客户对象，中小企业群将面临严重的生存压力。因而，他要求员工帮助中小企业度过“寒冬”。他说：“我们要牢牢记住：如果我们的客户都倒下了，我们同样见不到下一个春天的太阳！”最后，他表示，冬天并不可怕，但没有准备的冬天是非常可怕的。

实际上，早在阿里巴巴 B2B 在香港上市的时候，马云就说过：阿里巴巴 B2B 提前上市是在为过冬作准备。上市之后，阿里巴巴集团的现金储备超过 20 亿美元。2007 年 2 月，在阿里巴巴集团的年会上，马云再次提到：2008 年阿里巴巴要准备过冬，并首次提出 2008 年阿里巴巴要“深挖洞，广积粮”。

作为阿里巴巴人，首先要有一持续发展的长远眼光，要有“永争第一”的进取精神，只有不断壮大企业的实力，抗风险能力才能越来越强。

就像俗语说的：机会总是眷顾有准备的人。一个有责任、有远见、有危机意识的领导者，更有能力带领自己的团队走得更高更远；而那些没有责任、没有远见、没有危机意识的管理者，在安逸的环境下，或许可以悠然自得、光彩照人，但在危机来临时，往往会被打得落花流水、溃不成军。所以，请切记：如果风险不期而至，能保你平安的，是你随时需要准备好的降落伞，而不是身边的那些绚丽的云彩！

早早为了过冬做准备

在很多人看来，阿里巴巴已经是全球第六大互联网公司，而且随着阿里巴巴在香港的上市，它在业界的地位也更加稳固了。

然而，让人们没想到的是，马云却在“2007中国企业领袖年会”上坦言，阿里巴巴上市的一个重要原因，是为融到钱，为“过冬”作准备。

事实上，还是在阿里巴巴没上市之前，在接受记者采访的时候马云就表示：中国的外贸出口企业正面临人民币升值、原材料价格上涨、劳动力成本上升等诸多问题，阿里的许多客户都受到了影响。

他说：“今天的我们肩负着比以往更大的责任，我们不仅要自己不倒下，还有责任保护我们的客户——全世界相信并依赖阿里巴巴服务的数千万中小企业不能倒下！”

为此，马云提出了两点过冬的措施：第一，要有过冬的信心和准备；第二，要做冬天该做的事。

他一直都认为，今天很艰难，明天会更艰难，后天就会阳光灿烂，但无数人都会死在明天晚上。他说：“如果我现在60岁了，我可能会惧怕改变，但现在我才40岁，还有梦想、还有改变的动力和能力。”在马云看来，目前的“危机”并非危机，而是全球化发展的阵痛。

在阿里巴巴上市之后的两周内，股票从13.3港币涨到了40港币，紧接着，两周之后，股票再次由40港币跌到了3港币。对此，马云依然表现得非常冷静，他表示，这不是阿里巴巴出了问题，而是这个市场出了问题。

2008年2月底，为了了解自己“心中的偶像”对于这次危机的判断和感受，马云和他的高管团队到美国西雅图对雅虎、Google、Apple、微软、星巴克以及GE等一系列美国知名跨国公司做了为期半个多月的顾问。

此次美国之行被马云视作进行团队建设的最好时机，过去、今后都很难再有机会遭遇如此“百年一遇”的金融危机了。马云向在座的美国听众强调：“在我过去十多年的工作经历里，每当所有事情都很顺利，我感觉可以放松歇一歇的时候，一定会有大麻烦出现；而每当情况糟得不能再糟时，转机却翩然而至——十五年来，屡试不爽！”同样，此次危机也被马云称作转机的前夜。

虽然寒冬很冷，整个企业界基本已经哀鸿遍野，不过一旦整合和寒冬过去，许多不合格的企业就会被淘汰掉，而那些能够沉着应对、默默修炼内功的企业往往会一夜崛起、锐气外漏，成为行业中的新秀。这就是寒冬下企业过冬的真实写照。

经济危机的周期性冲击是没有人能够避免的，包括李嘉诚，他在漫长的商业生涯中也经历过多次危机。李嘉诚的创富故事已经广为流传，但很少有人发现，李嘉诚往往是在金融危机或者经济衰退中体现出其高人一筹的“创富力”的，甚至能够使个人财富更上一层楼。

1997 年亚洲金融风暴之前，香港恒生指数从 1995 年年初的 6967 点猛升到 1996 年年底的 13203 点，涨幅高达 89.5%。而且自 1995 年第四季度起，香港地产也从谷底迅速回升，房价几乎每天都在创出新高，中原地产指数由 1996 年 7 月的 66 点急升至 1997 年 7 月的 100 点，12 个月内升幅逾 50%。

在股价和房价高涨的情况下，李嘉诚领导下的长江实业于 1996 年实施了 9 年来的首次股本融资，募集资金 51.54 亿港元。此外，长实还通过附属子公司向少数股东大量发行股份，募集资金 41.78 亿元。财报显示，长实在 1996 年融资前，现金流出净额高达 88.88 亿港元，它主要通过股权融资的方式，使当年的净现金流入由负数转为了正数。这也使长实在亚洲金融危机爆发、市场银根收紧之后，仍然可以进行选择性投资。

2007 年年底，又一次亚洲金融危机出现，在零散出售资产已无法满足后续资金的投入时，李嘉诚带领和记黄埔采取了将各项目分拆上市的战略，使各项目负担自身的现金流，并避免了和黄股价被严重低估。截至 2008 年 6 月 30 日，和黄的现金和流动资金总额已达 1822.89 亿港元。

从金融危机中的个人投资表现看，李嘉诚同样善于高沽低买、控制风险，对于所投资项目的价值和价格掌握精准，从而制造了大量非经常性盈利。在香港股市的深幅下跌中，他成功增持了“长和系”股份。当然，李嘉诚的成功不仅在于恰当的过冬哲学，其对于投资趋势的判断、时机的把握同样需要经验、理智与胆识。

事实上，对于很多公司而言，在业务尚未进入良性运转之前就上市，其目的要么是套现，要么是储备。而作为阿里巴巴的决策者，一旦嗅到这种“上市之风”，最好能提前为企业全力打造“保暖内衣”，以便在冬天来临之际从容应对。

会在失败中寻找成功

有人说：“失败是一根绳子，有的人把它当作了自缴的工具，有的人却用来继续攀爬更高更陡的山峰。”

对于一个阿里巴巴人来说更是如此。失败本身并不可怕，可怕的是我们面对失败时逃避、悲观的心态。因此，只要我们能够正视失败，从失败中吸取经验教训就能让失败孕育出成功。

所以，当有人请教马云对于成功的看法时，马云是这样回答的：“成功不在于你做成了多少，而在于你做了什么，历练了什么！”职业成功的一个要素就是勇敢接受失败，并在失败中找寻成功的方法。

2006年5月10日，淘宝网推出了历时半年时间研发出来的“招财进宝”这一竞价排名服务。它是淘宝网为愿意通过付费推广而获得更多成交量的卖家提供的一种增值服务。然而，仅仅推出20天后，就有6000多名卖家在网上签名，声称要在6月1日集体罢市。

这项服务不仅没有获得人们的认可，还酿成了一次大的风波。马云对此事非常重视，他立即发表署名文章，就淘宝和淘友们沟通上存在的问题向卖家们道歉。与此同时，淘宝网还对“招财进宝”的价格进行了调整。

他声明，三年不收费的承诺不会改变，“招财进宝”并不是为了收费。当时，淘宝上有2800万件商品，且预计不久后会涨到5000万件，如果按照商品的上线时间来决定商品排位的话，那么后上线商品的交易概率将大大降低，淘宝希望通过服务维持正常的市场秩序，用这只“看不见的手”调节优化市场环境。

终于，在马云可行的挽回措施之下，这一事件得以平息。

马云说：“阿里巴巴最大的财富不是我们取得了什么成绩，而是我们经历了这么多失败，犯了这么多错误。”马云曾经说要为阿里巴巴出一本书，在书中记录下阿里巴巴曾经犯过的所有错误。这些错误，其实是我们每个人都容易犯的错误。而马云的可贵之处就在于，他能够直面错误，并找出犯错的原因，以免重蹈覆辙。这才是马云能取得惊天成就的关键所在。

创业有风险，这是众所周知的事情，有些人在职场会面临无数次的失败，甚至破产到身无分文都有可能。但是如果你能够屡败屡战，从失败中吸取经验，你的经商能力就会一次比一次高，逐渐融入经商人士的群体后，你的眼界和经验也会日积月累，经历一个量变到质变的突破。这样，成功也就离你不远了。

正如马云说的，职场就是与失败、困难为伍，所以必须正视失败，同时还要分析失败的原因，寻找走出失败的途径，反败为胜。

大名鼎鼎的前巨人集团总裁史玉柱在1993年犯下了战略性错误，结果造成了无可挽回的败局。最开始的时候，史玉柱一直没能正确地认识到自己犯下的错误，更不肯承认和正视自己的失败，试图通过融资、贷款将巨人大厦盖起来以救活原有的电脑、医药、房地产三大产业。结果越努力，陷得越深，最后不仅全军覆没，还外欠了3亿元的债务。后来，史玉柱终于开始正视自己的失败，吸取经验教训，从头再来，从零开始，另起炉灶。结果，他在短短的3年时间里就创造了年销售额达10亿元的脑白金奇迹，远远超过了昔日的辉煌。

在竞争日趋激烈和残酷的现代商业社会中，一个人想要成功，就一定要有承受失败的勇气。只要我们愿意主动面对失败，在失败中不断地学习，就不会再重蹈覆辙，并能取得最终的成功。

有认识舍得的智慧

有舍才有得，小舍小得，大舍大得，不舍不得。种瓜得瓜，种豆得豆，世间绝没有无付出的回报，也绝没有无回报的付出。

老子曰：小舍小得，不舍不得，大舍大得。

有舍有得，先舍后得；舍得舍得，不舍不得；小舍小得，中舍中得，大舍大得！科学的“得失观”是这么简单而又富有深刻的哲理，说起来容易做起来难啊！

有“舍”才有“得”。中文“舍得”二字非常有趣,还有“舍得”和“得失”的关系。我们可以肯定，我国古人造词不是随意的，一定是经过研究总结出来的经验,为什么“舍”在先而“得”在后？为什么“得”在先而“失”

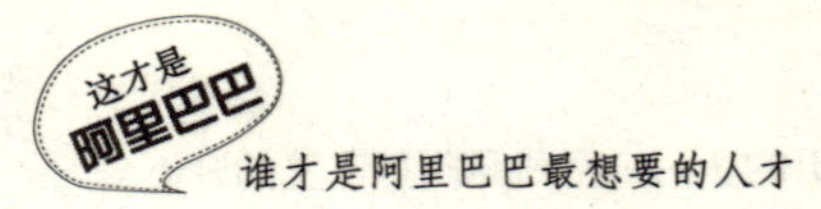

在后呢？其间大有学问，还有所谓“大舍大得”更是令人玩味啊。

古人特别强调一个人要干大事，必须学会“舍”，然后才能谈“得”，“大舍”才能“大得”，“大舍”的必然结果必定是“大得”。

就像马云的淘宝网，在最初5年里，他从来没有收过一分钱，也从来没想过怎样去向用户收钱。“所以很多人经常担心我，几乎每天都会收到很多邮件告诉我淘宝该怎样赚钱。感谢所有人对我的关心。”

2008年马云说，在阿里巴巴集团新确立的未来5年规划中，要把淘宝打造成全球最大的网络零售商。因此未来5年，阿里巴巴集团将追加20亿投资淘宝网。“追加的20亿人民币5年内必须花光，而且必须投入在技术创新、人才引进、生态链建设上面。”

这20亿元投资是继2003年淘宝网成立后，阿里巴巴集团对淘宝网的第三次投资。淘宝网由阿里巴巴集团于2003年5月10日投资4.5亿元创办、2005年10月第二次投资10亿元人民币。

究竟是出于什么原因让马云如此舍得？在马云看来，自己只对能改变世界、影响世界的事情感兴趣。他回忆说，几年前他产生创办淘宝网的念头时，整个互联网行业的专注点还在娱乐、门户站点、游戏方面。因此他的想法一提出来，不仅投资人不看好，客户不看好，甚至连阿里巴巴内部也有很多人不看好。

“但是我坚信，中国一定会有这么一个电子商务的市场，我也坚信如果我们塌塌实实地做，我们肯定能改变世界。毕竟我不太相信游戏能改变世界，也不太相信每天看新闻能改变世界。”马云说，立定了这个想法之后，他们就创办了淘宝网。

5年后，淘宝网已是亚洲最大的网络零售商，拥有6200万会员，每天有超过900万消费者在淘宝网上“逛街”，日成交金额达到了2.5亿元，2008年总的成交额突破1000亿元。

“这几年看着淘宝网的高速成长，以及它给各个行业带来的冲击，对许多行业的完善，这种快乐远远超过赚了多少钱。”马云介绍说，成立之初淘宝网就提出5年内不赚钱，给中国创造一百万个就业机会，截至2008年一季度，淘宝网直接或间接给社会带来的就业机会已经超过100万个。

“舍”是种子，“得”则是收成，有些种子发芽得早，有些则发芽得晚，但总是会发芽、会有收成的。从古至今，有难以数计的著名人物，取得了名标史册的丰功伟绩抑或巨大成就。他们的成功，无不得益于对“舍得”二字的把握和领悟。

抉择是一个痛苦的过程，让人夜不成寐，辗转反侧。可鱼与熊掌不能兼得，有舍才有得，大舍才能大得。

田忌与齐王赛马，以下肆对齐王上肆，上肆对齐王中肆，中肆对齐王下肆，舍了小负之悲，得了全胜之喜；越王勾践亡国被俘，卧薪尝胆，饱受凌辱，谓之，舍王尊而得江山社稷光复；韩信以三千将士迎战二十万赵军，破釜沉舟，背水一战，谓之，舍生死，绝退路，最终得到的是以弱胜强，“百二秦关终属楚”。

人事如此，万事万物又何尝不是这样呢？蛇是在蜕皮中长大，金是在沙砾中淘出。就是在我们琐碎的日常生活中，不也是每时每刻都在围绕着舍与得和得与舍，演绎着无数成功和失败的故事吗？

弗尼吉亚的戈迪亚斯王在其战车车辕与车轭之间系了一个复杂的绳结，并宣告谁能解开它，谁就会成为亚细亚王。许多自信称王的人试图解开此结都以失败告终。当亚历山大也兴冲冲地跑来试图解绳结时，才发现并非轻易之举。但是他凝视绳结，猛然间拔出宝剑，手起剑落，绳结崩碎。在场的人先是惊讶，转瞬间一阵欢呼，人们与其说佩服亚历山大的智慧，毋宁说佩服他的果敢。亚历山大的勇敢和果断似乎使一切问题变得简单了，不舍得如麻一般的绳结，怎么能一刀斩乱麻，一举夺得亚细亚王的宝座？

同样的事情也曾发生在中国春秋战国期间，秦人送去一只玉连环给赵国，赵国无人能够解开这个玉连环。正不知所措，此时赵太后过来，老太太轮起一只金锤，“哗啦”一家伙把玉连环砸得粉碎，然后对秦国的使者说：“解开了。”使者回秦廷禀报，秦国“晕菜”好久，居然不知道说什么才好，从此不敢小觑赵国一眼。虽然毁掉了一只玉连环，但是赢得江山巩固，不可谓大舍大得也。

贾平凹有过一段精辟的《说舍得》：不能否认，作为凡夫俗子，我们有着太多的欲望，对金钱、对名利、对情感。这没什么不好，欲望本来就是人的本性，也是推动社会进步的一种动力。但是，欲望又是一头难以驾驭的猛兽，它常常使我们对名利的舍与得难以把握，不是不及，便是过之，于是便产生了太多的悲剧。

第 09 章

能抓机遇的人

——机遇是电子商务成功的关键

“机遇青睐那些有准备的人”无论是生活还是工作，这句话给人们的启示都是无可估量的。机会对于每个人都是平等的，有准备的人能够及时发现并抓住机会，而没准备的人即使机会就在眼前，也不一定认识它。

做善于发现机会的人

马云曾经说过一句话："如果我马云能够成功，那么80%的年轻人也能够成功！"可为什么那么多人没有成功呢？除了具备激情和能够吃苦的精神，马云的成功还在于他的眼光独到，马云是一个善于发现机会的人。

马云出生在浙江杭州。那里是中国经济最成熟的长三角经济圈，有着中国最为庞大的从事外贸业务的中小企业集群，是中国民营经济最为活跃的地方。

作为土生土长的杭州人，马云对于中小企业的需求有着最为深刻的体会：商业资讯的缺乏、产需信息的不对称，以及国际业务和转口贸易的成本偏高，都是让这些中小企业主十分头疼而又一直没有办法解决的问题。

马云从这里看到了商机：中小企业使用电子商务将会是未来的一种趋势。马云坚信：互联网对于发展中国家是机遇，对中小企业也是机遇，互联网是以快打慢，以小博大。竞争会迫使更多的企业上网。不上网的企业，会老不会大。

于是马云毅然放弃在北京已经稳定的事业基础，回到杭州，建立了自己的阿里巴巴，最终大获成功。

马云的成功经历告诉我们，一个人的成功并不是偶然，而恰恰是他那独特的猎犬式的眼光和远见促成了他的最终成功。

现实世界里，人们做生意肯定要和讲信誉的人打交道才能够放心。但是在互联网上，谁又知道和自己在阿里巴巴上谈生意的是个什么样的人呢?这又怎么能够让人信服呢?

而马云却又从中看到了机会。马云要让互联网的商业世界和现实中的商业世界没有区别，都是真实可信的。

2001 年，马云推出了“诚信通”。它的诞生宣告了网上信用时代的到来——这是全球第一款交互式网上信用管理体系。

有人说，马云的机会都比我们好，你运气好，所以你成功了，但我们就没这个机会了。其实这不过是一个借口，这个世界时时刻刻都在给你机会，只看你能否抓住。当初微软做起来的时候，人们都说没人能超越微软，后来却出现了雅虎；人们说没人能超越雅虎了，后来又出现了 eBay；人们觉得 eBay 已经很了不起了，但又出现了谷歌；当人们觉得谷歌已经像太阳一样无法被超越的时候，现在又出现了 Facebook。

事实上，世界上许多事物中都隐含着一些决定未来的玄机，工作也是如此。在走进职场之时，如果能够对市场走向保持一份灵敏的悟性，培养一种灵动的触觉，就可以更好地分析市场，投入市场，最终赢得市场。

著名的管理大师彼得 · 德鲁克将人才定义为那些能够“寻找变化，并积极反应，把它当作机会充分利用起来的人”。的确，能够发现独特的机会是成功者所必须具备的一项特质，也是成功的起点，在某种意义上，发现机会也就意味着已经成功了一半。

然而，发现机会并不是一件容易的事情，不过其中也有一定的规律可循。市场机遇的捕捉包含着观念的确立、独具慧眼的创意、正反思维的交替以及新技术的应用等，掌握了这些，你就会发现机会无处不在。

永远能抢在对手前面

有人说，如果说资金与资源是工业社会最重要的竞争要素，那么时间优势则是信息时代最强大的竞争战略武器。的确，在现今社会，职场的人在不断增加，如果你选好了一个工作却不赶紧行动，就会被对手先行一步，而你的成功机会也会因此而大打折扣。

抓住机会对于阿里巴巴人来说很重要，那是决定工作成败的关键所在。那么什么是商机？并不是等到所有人都听到了发令枪响才是商机，用马云的话说："如果时机成熟，就轮不到我来做了！"相反，恰恰是大部分人都还处在"看不到"、"看不清"、"看不懂"的时候才是最好的商机。

在马云创立阿里巴巴的时候，很多人都不相信一个见不到人的平台能给人们带来机会和诚信。然而，就在这时，马云推出了"诚信通"，这不仅解决了当时人们都在担心的问题，也使中国进入一个新的网络交易时代。

人们常说，弱者等待时机，强者创造时机。尤其是在这样一个信息时代，对于阿里巴巴人来说，时机就是商机，商机就意味着成功。

就拿大家都熟悉的诺基亚来说，它能够多年来一直保持手机行业龙头老大的地位，与其快速的技术创新能力密不可分。诺基亚认为，要在激烈的市场竞争中生存下去，永远走在别人的前面，永远比别人快一步是唯一的途径。诺基亚不断加快新品的开发速度，并承诺每年都将拿出总营业额的5%用于研发新产品。目前，其新机型开发周期平均缩短到不足35天，

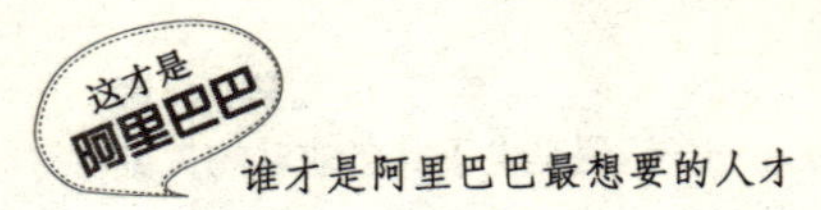

而业界平均需要半年甚至更长。

与之相反，在中国手机市场变化越来越快，各大手机厂商纷纷加快新机推出的速度的时候，东芝手机推出新品的速度明显太过缓慢，而这种缓慢使东芝手机错失了许多市场机会。尽管东芝在中国最先推出低温多晶硅手机屏幕、最先配备 CCD 摄像镜头、最先实现手机的视频拍摄功能，但高品质的产品根本挽救不了企业失去时间优势所造成的被动局面，最后只能被淘汰出局。

要知道，今天的竞争规则已经不再是大鱼吃小鱼，而是快鱼吃慢鱼，在以互联网为代表的新经济时代，则更是如此。在阿里巴巴要想抓住商机，就要在思想和行动上作好准备，主要有以下几点：

第一，拥有先入为主的时间观念。

对阿里巴巴来说，时间就是金钱，时间就是财富，因此要牢牢树立起“时间就是商机”的观念，做到以快取胜，创造时间效益，不轻易放过任何机遇，这样才能够及时捕捉到市场机遇。

正如马云所说的：“做互联网就好像冲浪，机会稍纵即逝，不能等浪够高的时候再冲，要随浪而高、随风而变。”其实，无论在哪个行业都是如此，如果没有一种先入为主的竞争激情，最终都会在竞争激烈的工作中被淘汰出局。现代人以市场需求为核心，而市场又是瞬息万变的。因此只有抓住机遇，争取时间，才能因势利导，化险为夷，在竞争中取胜。

第二，拥有超前的信息观念。

我们必须以重视信息、充分利用信息为指导思想。市场信息是有关市场状况的消息和情报，是现代企业进行市场活动的重要资源。企业的一切活动，从战略方向的确定到目标市场的选择，从产品设计到产品售后服务，都要以信息为先导和依据。信息的这些作用无疑决定了信息观念的重要地位。信息是管理者的耳目，要捕捉到市场机遇，就必须能掌握来自各方的信息，知己知彼，方能取胜。

第三，拥有合理的效率观念。

在现代市场活动中，“快”是一大特点。市场机遇来得快，消失得也快，消费者的需求变化也快，竞争对手崛起也快，这些都要求企业能做到信息快、决策快、营销快，归根到底就是要求企业效率高。高效率能减少劳动的支出，降低成本，为实施廉价策略创造条件。树立起效率观念，就能以快动作、低成本、高收益来捕捉到市场机遇，掌握主动权。

第四，拥有不屈不挠的竞争观念。

要捕捉到市场机遇，就必须积极参与市场竞争，在市场上争客户、争质量、争效益。竞争的规律是市场经济发展的必然规律和客观要求。

第五，拥有承担风险的心理素质。

我们必须以敢于承担风险、善于避开风险、减少风险、分散消除风险、化风险为机遇为指导思想，才能够做到敢为人先，领先别人。

钱伯斯在他的一篇《速度制胜论》中说：“我们已经进入了一个全新的竞争时代，在新的竞争法则下，大公司不一定能打败小公司，但是快的一定会打败慢的——你不必占有大量资金，因为哪里有机会，资本就会很快在哪里重新组合。速度会转换为市场份额、利润率和经验。”

正如钱伯斯所言，随着互联网的不断发展与深化，市场竞争已进入了一个全新的时代。很多时候，我们唯有抢占先机，快速行动，才能立于不败之地。

标新立异，永远不做大多数

古人曾经总结过做生意的十二字诀，“人无我有，人有我优，人优我特”。马云也认为，做生意，“做小了，就一定要做到独特”，亦步亦趋，永远跟在别人的后面是做生意最忌讳的。

作为阿里巴巴的人才，首先必须标新立异，吸引住顾客。靠什么吸引顾客呢？靠独特的经营个性和手法，靠商品的新奇与稀有。而且，马云创立阿里巴巴电子商务网站的经历也充分证实了这一点。

1999年是互联网的春天。那时候，一个月之内会有数以千计的互联网公司出现。冯小刚的贺岁片《大腕》中有一句经典的台词可以精确地描绘出当时互联网的火热场面：“你花钱去建一个网站，把所有花的钱后面加一个零这就直接出售给下家了。”

但是，当时大部分网站的模式都和新浪、搜狐差不多。而马云并不认同这种模式：众多的中小企业主都是文化程度不高的人，如果用门户网站，会影响他们的使用。

马云心中已经决定在电子商务领域做一番事业，也明确了自己的服务对象，这些战略性的问题已经确定了下来，只是还没有确定怎么操作和运营。

辞去北京的工作，准备回杭州的时候，为了在走之前留下点纪念，马云和自己的团队一起去游览了长城。在长城上，马云看到了许多“某某到此一游”之类的话语。这些留言，触发了马云的灵感。于是，马云决定采取BBS的模式，把阿里巴巴办成一个“网上集贸市场”，虽不美观但很实用。

事实证明，马云的决定没有错。几年后，阿里巴巴不但无人不知、无人不晓，而且还一直领跑在网络帝国的世界中，继续着一个又一个的商业神话！

日本企业界曾提出过这样一句口号：“做别人不做的事。”也就是说，开店做生意，要寻找冷门，独辟蹊径。马云也说：“一个项目、一个想法如果不够独特的话，是很难吸引别人的。”

的确，在这个信息泛滥、商店林立、充满着竞争与挑战的时代，所有人都有如今生意难做、钱难赚的感觉。但生意越难做，就越有人会赚钱，因为他们总能棋高一着，靠自己独具匠心的产品和服务吸引顾客的眼球。钻冷门，钻空档，经营的产品要越新越好、越独越好，这是做生意的最大智慧。如果你的产品或服务属于行业中的独一份，或者排头兵，那么你的生意就没有不成功的道理！

在阿里巴巴工作是一个相对比较复杂的过程，更是一个新颖的、创新的、灵活的、有活力的过程。所以，要想做阿里巴巴的优秀员工就不能一成不变地沿用别人的路子，照搬别人的思想，否则只能导致失败。

我们可以细数大街上的店面，一个“云南野生菌火锅店”很容易就能在北京站住脚跟并迅速成长，而满大街的“重庆火锅”的成活率却低得可怜；一个独特的“寻找物品商店”刚开不久就能宾客云集，而满大街大大小小的超市却常常门可罗雀。

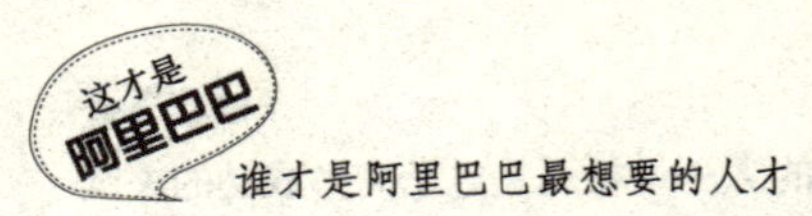

最大的错误是不犯错

人非圣贤孰能无过。犯错误是人之常情，不犯错误反而是不正常的。

马云是经商的天才，但这并不是说马云就没犯过错误。马云并不忌讳谈论自己的错误，“网络公司最大的错误就是不犯错误”，为什么这么说?因为今天犯错是为了避免明天犯更大的错。

当初，有了风险投资的强大后盾，马云的内心有些膨胀了，既然阿里巴巴要做一家全球化的公司，就必须站到全球的制高点。在这样的思路指引下，马云就把公司总部设在了香港，把研究中心设在美国硅谷，并且在韩国和欧洲成立了合资企业，只是自己还栖身于西子湖畔。这样，表面上看，一个所谓的跨国公司的模型初步具备。

在 1999 年的时候，马云给阿里巴巴制定的策略是迅速打出去，在海外抢占市场，为亚洲的中小企业、为出口企业打开海外市场。很显然，这个时候海外市场上用互联网的商人已成规模，阿里巴巴需要做的是让自己的网址进入这些人的视线中能让他们天天点击，从而用这个平台把亚洲的企业带到欧洲和北美市场。阿里巴巴的口号是，“不管你们的企业在哪儿，你只要学会上我的网站，我就能把带到美国，带到欧洲去”。

马云把这个战略总结为避开甲 A 联赛，直接进入世界杯。但那时阿里巴巴毕竟还不是一支实力雄厚的球队，在世界杯踢球有视野广、升值快的一面，也有成本高、管理难的一面。

马云的风格是说干就干。第二年，阿里巴巴果然把摊子铺到了美国硅谷、韩国，并在伦敦、香港快速拓展业务。摊子的急速扩大，使得马云突然觉得管理起来有些手长袖子短，力不从心。加之自己手下的员工都是些世界级的精英,各自都有一套自己的理论和方法。以致于一时内部声音很杂。最大的分歧，是公司的方向之争。比如，阿里巴巴美国硅谷研发中心的员工认为技术是最重要的，认为要发展技术平台，发展电子商务解决方案为大企业解决交易的问题。而曾经是一家全球500强企业副总裁的员工却坐阵香港总部，并且认为向资本市场发展是最重要的。香港员工建议公司改型，并偏重于走电子商务的交易，以中华网为模板，为别的公司建设大网站。他们称，虽然中华网自己赚钱并不多，但是华尔街却很是看好，而阿里巴巴应该迎合他们。中国这边更是众说纷纭。这些全球精英们各执一词，莫衷一是。

此时，学历不高、经历不深的马云反而没了主意，他们说的似乎都在理，到底听谁的？不知道！未来向哪里发展？不知道！马云为此彻夜不眠，忧心不已——阿里巴巴成立一年就成了跨国公司，员工来自13个国家，究竟该如何管理？

问题远远不止这些，马云实际上犯了一个战略性的失误。他将阿里巴巴的英文网站放到硅谷，但是在美国硅谷里面的全是技术精英，而阿里巴巴网上交易需要的贸易人才却要从纽约、旧金山空降来硅谷上班，这就平添了一大部分无谓的成本。大环境上又恰逢纳斯达克风声鹤唳、草木皆兵，大片互联网公司倒闭，阿里巴巴的硅谷研究中心也处于风雨飘摇之中。

面对这些预料之外的变故，如果不及时采取补救措施，整个阿里巴巴将很可能早早地夭折。马云已经意识到，当时阿里巴巴所采取的策略是全球的眼光，阿里巴巴的拳头打到海外的每一个位置。到这个时候，再打下去已经没有力量了，需要迅速撤回来，回来后采取在当地制胜。然后，形成自己的文化，形成自己的势力再打出去。如果不在中国制胜的话，就会

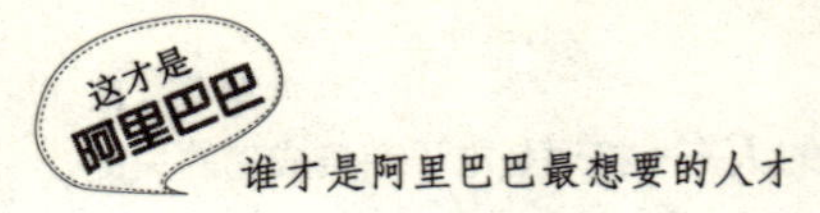

漂在海外。何况，他们要防止的对手是在全球，而非中国内地。

在紧要关头，马云决定亡羊补牢收缩战线，先是撤销了欧洲、美国和香港的办事处，在国内，上海、昆明、重庆、大连的办事处也被裁掉。

几个月后，美国纳斯达克股市即告崩盘。马云这一强硬果断的决策，现在看来决不仅是阿里巴巴的自救之举，同时也颇具杀伤力。2001 年初，阿里巴巴才对外公布了这个战略，当时有很多跟在阿里巴巴后面的竞争对手，起初都学着他们打到海外去，结果还来不及回头，就稀里糊涂地死掉了。

事实证明，中国内地特别是杭州这一大后方，确实是阿里巴巴的命脉所系，当阿里巴巴会员总数超过 100 万时，却有 54 万人来自中国内地，在遍及 202 个国家和地区的会员中，中国内地的会员数排第一，美国排第二，欧洲是第三，接下来是日本和中国台湾。可见，马云做出这样一个惊人的决策，决不是简单的靠拍脑袋瓜子，而是基于现实的基础和实际数据的反馈。

阿里巴巴的老用户都能感觉到，2000 年 10 月上旬，阿里巴巴的中文网站和英文网站无论是从形式上还是内容上都有了很大改变。

阿里巴巴以前每当访问量剧增的时候，网站就会死机，就进不去。大家知道，前面的一年半，阿里巴巴跑得太快了。他们确实创造了奇迹。但 CTO 吴炯说，不能再这样下去，阿里巴巴要建立一个优秀的企业，建立像 Oracle、像微软这样的企业，技术平台就必须彻底改写，从底层数据库的改变，从平面结构的改变开始。

可以说，在这之前的几个月里，和所有中国的互联网一样，阿里巴巴也一样经历了最痛苦的阶段。他们承担了投资者对他们要求赢利的压力，承担了媒体对他们的批评——有人说阿里巴巴不是电子商务网站。他们也承担了所有会员对他们的抱怨和投诉。

阿里巴巴在努力寻找突破口。接连几天里，马云和阿里巴巴 CTO 吴炯还有 CFO 蔡崇信等所有高层都坐下来，没日没夜地做分析、探讨。

最后，马云就下了命令，全部停止所有正在开发的项目。接下来的4个月时间里，他们没有出台任何新的服务，所做的就是把阿里巴巴的技术平台从最底层开始彻底重写了一遍。他们那时为了给会员提供更多更好的服务，很多项目都在没日没夜地进行着，突然一下就得全部停掉，这使得很多的网站建设人员都流下了眼泪。他们一大批人员在那里干等,干等了4个月。

这期间，阿里巴巴公司还召开了一系列员工大会，马云帮助员工分析阿里巴巴创建一年半中所犯过的种种错误。马云也自我检讨说，因为自己没有经验，犯了很多错误，很多本来可以做得更好的事情没有做好。但马云也认为犯了错误并不要紧，阿里巴巴以后还会犯错误，但最怕的是，犯同样的错误。

一定要学会捕捉信息

人们常说，时间就是金钱。其实在商界，除了时间，信息也是金钱。在阿里巴巴能否取得成功，往往取决于捕捉信息和运用信息的能力。而回顾马云的成功经历，我们更能够充分证实捕捉信息的重要性。

1995年，马云下海创办海博翻译社。为帮助杭州市政府和美国一家公司谈高速公路的合作，在美国谈生意的马云第一次接触到了互联网。

“Jack，这是Internet，你可以输入任何字来查询相关信息。”西雅图的教师朋友这样对马云说。担心把电脑弄坏的马云战战兢兢地输入了beer(啤酒)，结果，出来一堆德国、美国啤酒的资料；他又输入China（中国），却显示no data（查无资料）；马云又敲了一个China history（中国历史），于

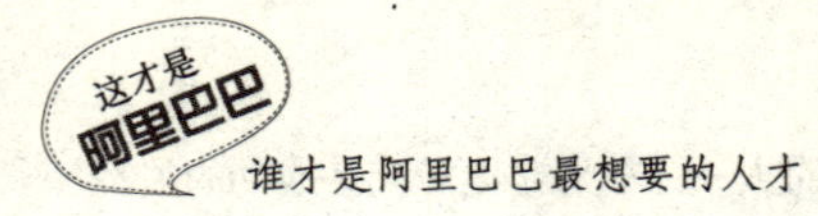

是雅虎页面上出现了一个50个字的简单介绍。马云觉得这个很有意思，但怎么会没有中国的东西呢？于是马云就问朋友，你这个东西怎么用？朋友告诉他说，做一个home page（主页），你就可以把东西放到网上和搜索引擎中去了。

马云灵机一动，请朋友做了一个杭州海博翻译社的网页，结果短短3个小时内，他就收到了6封电邮要求提供进一步资讯，这让马云嗅到了网络的商机。

虽然不懂互联网，也没有喝过洋墨水，但此时的马云却凭借着自己对信息的敏锐感知和当时身处美国的李彦宏、张朝阳同期感受到了互联网的魅力，同时也帮他打开了电子商务的大门。

当然，马云的经历告诉我们，光接触信息还不够，最重要的是要从信息中捕获机遇。当时，在美国触网的中国人有很多，在中国触网的也大有人在，例如中科院高能物理所的专家们。但一经触网就立刻看到了未来的网络世界，看到了网络改变世界的巨大能量，看到了网络背后隐藏的无限商机的人却寥寥无几，而看到未来、看到商机并立即付诸行动者则只有马云等少数人。

现在，我们身处信息时代，信息就是我们经商的基础。所以，捕捉到信息，就等于捕捉到了成功的机遇。事实上，在现实的商业活动中，像马云这样通过信息捕获商机的成功者不胜枚举。由此可见学会捕捉信息对生意人的重要性。那么如何去捕捉信息呢？

第一，你要主动及时地捕捉信息。

你要养成主动捕捉信息的习惯，也就是培养对信息的敏锐观察力，一旦有信息出现，你就立刻捕捉并贮存起来。当然，你更要注意信息的时效性，也就是及时地捕捉最新的信息，因为一条旧信息往往已没有了利用的价值，而一条新信息则常常蕴藏着通往成功的机遇。

你可以从各种媒体上收集各种有用的最新信息，比如报刊、广播、电视、网络等，也可以做市场调查，还可以主动向别人探询信息。

第二，你要有针对性地捕捉信息。

在不同的发展阶段，你所需要的信息的层次也会有所不同。根据你的需求，有侧重地捕捉信息，往往能带来事半功倍的效果。

第三，你要建立起自己的信息网络。

你必须知道从哪里可以得到你所需要的信息，对于得到的信息要找谁证实。凡是同学、朋友、同事以及他们认识的人，都可以成为你的信息来源。只要你平时注意多与他们交往，把这些人融入到你的信息网络中，你就得到了一笔可观的无形信息资产。

要建立自己的信息网络，就不能把范围仅局限于自己目前认识的人中，其他的团体也会举办各种讲习会、研讨会或培养班，你可以争取参加的机会，从而获取在公司内部捕捉不到的信息。

第四，让信息自动流向自己。

一般来说，信息往往会自动流向“有魅力的人”。他们懂得尊重别人，能够体恤对方的立场和感情，并且给予善意的回应，对方也愿意诚心与他们交往。太自私的人，一定会惹来别人的厌恶，自然无法从别人那里收集到有用的信息。

如果你想让信息自动流向你，你就要注意自己在任何场合的言行举止。首先，你要经常保持微笑，不要在别人面前表现出不愉快或是厌恶的样子；其次，你要谦虚，对别人的意见要诚心地接受，并由衷地感谢。

第五，不要错过“跟风”信息。

马云说：“一个人书读得不多没关系，就怕不在社会上读书。”所以，我们要大量地从社会上搜集信息。注意观察你的周围，观察目前最热门、最成功的行业、公司或产品，你就可能找到有用的信息。比如，有人仅凭“忍

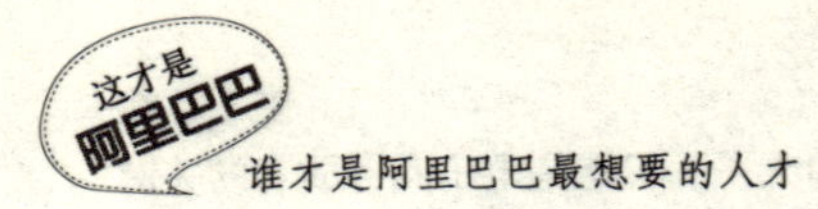

者神龟”就赚了上百万美元，还有人只是在T恤衫、礼品盒上印上了小狗“史努比”的图像，就使这些产品销量大增。因此，你要时时留意这些时尚信息，以便在时机成熟的时候为你所用。

第六，你要对信息进行多角度分析。

对于捕捉到的信息，你要进行多角度的分析，辨清哪些是正确的，哪些是错误的，哪些是有用的，哪些是无用的，还要从平凡的事物中发现不平凡的内涵。日本的“尼西奇”公司之所以能由一个濒临破产的小公司成为誉满全球的“尿不湿大王”，就是因为该公司董事长从一份人口普查资料上看到了全国每天出生250万婴儿的简单数据。

任何成功都不是偶然的，成功的机会在于挖掘，有时候，即使是一条不起眼的信息，也可能蕴涵着无限的商机。所以，如果我们能逐步培养起捕捉信息的良好习惯，并能发现利用有用的信息，就能抓住走向成功的机遇，成就一番事业。

会不会利用危机是关键

提到机遇，人们总会想到美好的未来，于是充满了向往；可提到危机，人们总是心存恐惧，恨不能离得越远越好。然而，世事多变，没有绝对的机遇，也就没有绝对的危机。事实证明：在通往成功的道路上，从来少不了危机的身影。这些危机可能来自于你的内心，也可能来自于你当下的境遇，但它并非一成不变。在某些情况下，“危机”可能就是你的“转机”。正如那句名言所说：“塞翁失马，焉知非福？”只要没到最后一刻，就不要轻易给

“危机”下结论，把精力用在思考补救的办法上，它就一定会被你的信心和勇气所化解。

当迎来2008年的又一个寒冬的时候，马云却公开表示，此时正是中小企业发展的绝佳时机，阿里巴巴已经为中国的中小企业提供了利用互联网创造价值和财富的机会，对于美国数以百万的中小企业来说，阿里巴巴也能够提供同样的机会。因此，早在2007年7月份马云向全公司发信，宣告“危机来临”的同时，就迅速调整了阿里巴巴的战略和产品，专门划出3000万美元用于国际市场堆广，其中绝大部分投入到了美国，其次是欧洲。

“我们将扩大阿里巴巴在美国办公室的规模，投入更多的资金，招聘更多的人才——在硅谷，我们就刚刚面试了不少工程师以及即将毕业的学生。”

即便雄心如此，但依旧不可否认，此次金融危机给出口导向型的中国经济带来了深重影响。而阿里巴巴最主要的客户就是从事国际贸易的中小企业。随着危机的一步步深入，订单为零的企业越来越多，阿里巴巴也不可能不受影响。

谈及中小企业，马云显示出了一贯的乐观：“我从来不为中国的中小企业担心。他们几乎没有向银行贷过款，也不是靠负债扩张。过去二十年间，这些中小企业凭借自己的聪明、毅力和勤劳走到今天——没有人引领，他们已然用上了互联网，并且他们会不断学习，学会利用互联网做生意。目前的艰难时刻，创造工作机会是一切经济刺激计划的核心要旨，而中小企业则可以提供大量的工作机会，这使它成为了国家经济刺激计划的一部分。最重要的是，这些企业家从不言败！”

在经济危机的大环境下，电子商务将有效地帮助企业和商家降低成本和扩大营收，电子商务同时符合了“开源节流”的要求，必将在未来大行其道。其实，不仅仅是阿里巴巴或者是互联网，每一个企业在面对经济寒冬的时候，都有它自己的对策。所以，我们一定不能坐以待毙，在寒冬期间，更要全力以赴、有条不紊地全面整改企业内部一切不好的制度和体系，争取做到利用危机强大自己。对此，我们要做的是：

第一，人才抄底。借机淘汰素质低下、工作散漫的员工，吸收相关行业能力突出、表现卓越的优质人才，以优化人员结构，并制订更能激发员工积极性与斗志的员工激励制度体系。

第二，练好内功。利用这个机会加大内部建设，加强团队的素质培训，强化售后服务质量体系，获取更多的口碑和品牌美誉度。

第三，适度减少经销利润。按照市场需求，调整利润结构，如果是实体店，可以借这个机会推出一些价格实惠的特价产品，以吸引更多的中端消费群体，取得更多、更长远的利益。

第四，资源抄底。在经济高速发展、消费高度繁荣的前几年，对许多企业来讲，一些好的资源（包括技术、地产等）是可遇不可求的。然而，在目前经济危机的冲击下，资源"抄底"的机会也已经悄然来临。现在，我们可能只用花费一半甚至不到一半的代价就能取得这些稀缺的不可再生资源，这个生意相对低迷的冬天将给我们的事业带来绝佳的发展机遇，只有借势掌握了这些稀缺的资源，春天到来时我们才会有更大的生长空间。这时的选择很可能决定了在下次春天来临之际，你是否能够一举成为事业常青的一方霸主！

可见，在现今的商战市场中，常常是机遇中夹杂着危机，危机中充满着机遇。因此，作为企业老板，要想让企业得以长期存在并发展，必须放弃一味忧怨畏惧、瑟瑟发抖的弱者姿态。只要你能够勇敢地面对现实、强健机体、激扬活力，便能化危机为转机，以争取到更大、更好的发展空间。

第 10 章

客户至上的人

——阿里巴巴全方位为客户着想

2006 年，淘宝进入了 B2C 领域，将帮助商家直接充当卖方角色，把商家直接推到与消费者面对面的前台，让生产商获得更多的利润，将更多的资金投入到技术和产品创新上，最终让最广大的消费者获益。从目前来看，这一模式得到了很多商家的认可。

把客户都当成懒人

在阿里巴巴的企业文化中，非常重要的一条就是，要让员工相信“客户都是懒人”。为什么这么说呢？当然，马云自有他的道理，就拿他自己来说，他只会用电脑收发邮件、浏览网页，不会使用繁琐的网络工具。他相信，大多数客户也像他一样，不喜欢看说明书，也不希望别人告诉自己怎么用。因此，他在阿里巴巴商务网站推出之初，让技术人员做得尽量简单易用。他说：“麻烦的事要留给自己，客户只要打开网站，点击就行了。”

在阿里巴巴并购雅虎中国之初，为了把阿里巴巴的企业文化用最快捷的方式传递给原雅虎的员工，马云召开了和他们的正式见面会。

在这次会议上，马云向所有的员工抛出了“大多数客户都是懒人”的理论，并为之做了翔实的论述。后来，马云在这次会议上的生动讲话在网络中广为流传。

为了让员工们认同自己的观点，也为了继续宣扬快乐的精神，马云开始在古今中外寻找更有说服力的例子。他说：“比尔·盖茨这个世界上最富有的人，他上学时懒得读书，于是就退学了。他当了程序员，又因为懒得记那些复杂的DOS命令，于是，他就编了个图形的界面程序，叫什么来着？于是，全世界的电脑都长着相同的脸，而他也成了世界首富；可口可乐是世界上最值钱的商业品牌，但它的老板实在太懒了，弄点儿糖精加上凉水，装瓶就卖，于是全世界有人的地方，大家都在喝那种像血一样的液体，尽管中国的茶文化历史悠久，巴西的咖啡香味浓郁；麦当劳是世界上最厉害的餐饮企业，可它的老板也是懒得出奇，因为懒得学习法国大餐的精美，于是弄两片破面包夹块牛肉就卖，结果全世界都能看到那个 M 的标志；必胜客是全球最大的批萨专卖连锁企业，它的老板更懒，因为懒得把馅饼的馅装进去，就直接撒在发面饼上边就卖，结果大家管那叫 Pizza。”

马云这样说的意图是想让大家明白“事实胜于雄辩”的道理，从而证明自己不是在胡说八道。马云接着说：“其实，这世界上还有更懒的人呢。有人懒得走路，于是他们制造出汽车、火车和飞机；有人懒得爬楼，于是他们发明了电梯；懒得出去听音乐会，于是他们发明了唱片、磁带和 CD。这样的例子太多了，我都懒得再说了。还有那句废话也要提一下，‘生命在于运动’，你见过哪个运动员长寿了？世界上最长寿的动物叫乌龟，它们几乎一辈子都不怎么动，就趴在那里，懒得走，结果能活 1000 年。”

马云的话让大家发笑，但谁都知道马云的目的不仅仅是要逗大家一笑。很快，马云就把话题转移到了工作上来。马云说：“回到我们的工作中，看看你公司里每天最早来最晚走，一天像发条一样忙个不停的人，他是不是工资最低的？那个每天游手好闲，没事就发呆的家伙，是不是工资最高？据说他还有不少公司的股票呢！我以上所举的例子，只是想说明一个问题，这个世界实际上是靠懒人来支撑的。世界如此精彩都是拜懒人所赐。现在你应该知道你不成功的主要原因了吧！”

马云这次演讲是给雅虎员工上的一堂课，旨在向他们宣扬阿里巴巴的企业文化。本来，作为跨国公司雅虎的员工是一件非常骄傲的事情，但雅虎中国却被阿里巴巴这个当时还未上市的公司收购了，相信大部分雅虎员工一时间都会难以接受。考虑到这种心态，马云就用了这么一种非常幽默的方式来告诉雅虎中国的员工，在以后的工作中要根据客户的需求改变方法。阿里巴巴认为，“客户是懒人”，于是规定了要“以客户第一”，替客户着想，这是阿里巴巴的企业文化。雅虎中国的员工必须认同这一文化，以顾客为导向。

而且这种“懒人”精神也是马云自己所一直信奉的。马云觉得，这个世界都是靠懒人来支撑的，懒不是傻懒，如果你想少干，就要懒出风格、懒出境界。

马云的懒人理论意在告诉我们，要处处为客户着想，客户懒得做什么，我们就要做什么，充分满足客户的懒惰需求。

比如，我们要通过实践，让客户得到最方便快捷的服务；当客户拿不定主意，需要你推荐的时候，你就要尽可能多地推荐符合他要求的东西。比如在阿里巴巴网站，多款链接同时列出，最好可以在每个链接后附上推荐的理由和质量保证的单据。

在工作中，马云也把懒的作风坚持了下来。因为马云不懂电脑技术，而且懒得学，他经常说：“我连在网上看 VCD 都不会，电脑打开我就特别烦，拷贝也不会弄。我就告诉我们的工程师，技术是为人服务的，人不能为技术服务，再好的技术如果不管用，都要扔了。我们的网站为什么那么受普通企业家的欢迎？原因是，我大概做了一年左右的质量管理员，他们写的任何程序我都要试试看，如果我发现不会用，就会赶紧扔了，我说 80%的人都跟我一样蠢，不会用。”

在马云看来，阿里巴巴的人所做的东西要简单，让客户可以拿起来就会用，做到方便、简洁，这样不仅能让客户节约琢磨它怎么用的时间，还能给客户带来好心情。

所以，为了方便客户进行整个电子商务的操作，马云与中国邮政合作，完成了物流方面的建设；与银行合作，推出了支付宝，解决了资金流问题。马云不懂网络技术而且又懒得学，他对程序提出的测试要求大大简化了阿里巴巴网站中各种功能的使用方法，这反而推动了阿里巴巴的快速发展。

舍自己，让客户赚钱

阿里巴巴网站上曾有这样一段视频，是在阿里网站运营商严蕾关于“阿里接单，五步轻松搞定”的讲座。其中讲到了“公司要赚钱，先要让经销商（客户）赚钱”的经营理念。

仔细分析这句话，其中的道理非常明确，如果经销商无法通过你的品牌赚到钱，那你又如何让经销商不断地来公司批发货物，如何让经销商不断去推荐公司的产品呢？市场永远不缺产品，只有产品会缺市场。经销商有钱赚才会有品牌忠诚度，没钱赚自然就不会对你的品牌忠诚，即使你的产品确实很好。

在阿里巴巴，一直就在延续“公司要赚钱，先让客户赚钱”的经营理念。马云在创立淘宝网之初，曾经对淘宝执行总经理孙彤宇说“三年内不准备赢利”。此语一出，顿时一片哗然。每个商家都知道，对于一个企业而言，没有赢利就意味着没有出路，尤其是在互联网这样一个硝烟弥漫的商战中，企业家们纷纷寻找盈利空间和赢利模式，可马云为什么偏要反其道而行呢？

在阿里巴巴，前面三年都是免费的，在淘宝网也一样，这是阿里的战略战术，也是一个品牌的树立过程。

他认为，中国的个人网上交易还处于起步阶段，只有实行全面免费的策略，才能培养出更多的“网购客户”。果然，一时间，“淘宝网将继续实行免费的政策，淘宝网三年内不准备赢利”的消息，吊足了大众的胃口。

但更多的业内人士并不理解马云这近乎于疯狂的做法，甚至有相当多的人认为他这样做是在“烧钱”。面对外界对淘宝网赢利能力的诸多怀疑和揣测，马云的回答是：“我们觉得真正大规模收费的时间还没有到，目前个人电子商务网站采用的收取交易费等方式未必适合中国的国情；当然，另一方面，我们有足够的底气，也有充足的信心，按照阿里巴巴目前的赢利能力以及现金储备，我们完全可以再造三个类似于淘宝网的网站。而且阿里巴巴在收费之前，也经历了三年的免费阶段。我们知道花钱和烧钱的区别，我们知道，费尽心机去赚小钱与将来水到渠成规模赢利之间的选择。”

马云经常讲：“如果一个人脑子里想着人民币，眼睛看到的是美元，嘴巴吐出来的是英镑，这样的人是永远不会真正把客户的需求放在第一位的。”而只有不考虑自身利润，先让客户赚到钱，才能长久地留住客户，自己也才能赚到大钱。也就是说，“让自己的会员赚到钱，并不是说会员口袋里有5块钱，然后我们拿1块钱，而是要帮助客户把口袋里的5块钱变成500块甚至更多。这个时候，会员会非常愿意给你50块钱”。这就是马云用“免费”来培养客户的出发点。

除此之外，马云还有着另一方面的考虑，他认为，免费让每个部门都没有了赢利的指标和压力。对于网站运营部门来讲，他们的目标就是把网站变得更简易、更方便、让会员感到更亲切；对于技术部门来讲，他们要把这个网站变成最稳定也最安全的购物场所；对于公关市场部门来讲，他们最大的任务就是尽最大的力量去普及网络购物的概念，让更多的人参与到这个进程中来。

马云的精明之处就在于他的高瞻远瞩，在于他犀利而独到的眼光。马云知道，只有“免费”，才能为淘宝网的用户带来最大化的收益。

三年的免费，让淘宝和阿里巴巴一样，成了中小企业都非常青睐的电子商务网。这个时候，曾经发出质疑之声的人们才终于悟出了马云的良苦用心：原来，马云的心中早就打好了算盘，他免费的目的就是为了培养客户。

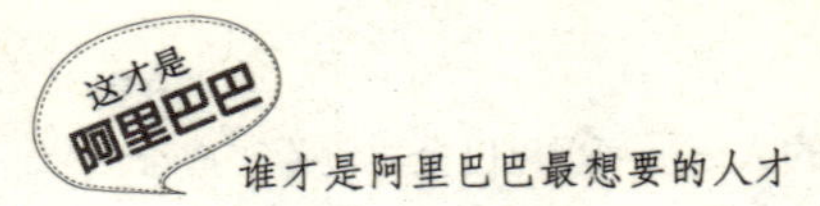

其实马云的用意早就可想而知了，他所制定的淘宝网免费政策所挑战的显然并非自己的腰包。如果说一个人做企业最终的目的是利益和利润，那么马云也不例外。之所以一直维持不赢利的网站运作，马云除了要在客户心中建立一个品牌商家之外，也是在走一条“曲线救国”的道路。正如马云自己说的：“积聚这么多现金，我们是用来准备打仗的。”从马云杀气腾腾的话语中我们不难体会，他的目标其实早就直指培育市场多年、刚刚在收费上尝到甜头的 eBay 易趣。

免费的淘宝网所发出的暗示信号就是针对 eBay 易趣的：如果 eBay 易趣不能实行免费，那么它的大部分客户将很可能流失至淘宝网。因此，在国内的 C2C 市场上，免费的淘宝网在培养客户的同时，也已经开始向收费的国内最大的 C2C 网站 eBay 易趣发出了挑战。

“公司要赚钱，先让客户赚钱”这一经营理念，是企业经营理念的提升，也是企业经营理念的革命！从客户的角度去经营公司，想方设法地为客户省钱；客户赚钱了，自已也就赚钱了。现在这个时代已经很少有暴利了，而市场竞争又这么的激烈，我们可以让利，但是我们绝对不能让市场。不断地站在客户的角度去思考问题，不断地节流降低成本，客户赚钱了，市场做开了，自己的公司也就自然而然地赚钱了。

马云喜欢看金庸小说，他把自己的经营理念比作是“六脉神剑”，而这六脉神剑中的第一剑就是“客户第一”。马云不仅把“客户第一”作为公司核心的经营理念来奉行，他的用人标准也是必须接受这种理念才能够顺利加入阿里巴巴。

虽然客户第一是人们常谈的一个话题，但如何做到客户第一并不是一件容易的事情。当公司利益与客户利益发生冲突时，把客户利益摆在第一位才是真正的客户第一。

在阿里巴巴内部，就发生过这样一件事：阿里巴巴有一个业务员，为了做一个山东一线城市的房地产商的生意，他向客户许诺说，阿里巴巴能把他的房子卖到世界各地去，以此为诱饵，他顺利做成了这位客户的生意。尽管这给阿里巴巴带来了6位数的收入，但阿里巴巴仍然把钱退给了客户，并对这名员工进行了处理。

事后，阿里巴巴 B2B 总裁卫哲解释说："为什么说把客户利益放在第一位？如果按照股东的利益，这个钱该收。但按照客户利益第一的原则，阿里巴巴这样做就是在欺骗客户！阿里巴巴根本就无法把房子卖到世界各地去，这显然是业务员夸大了阿里巴巴的能力。"

如今，阿里巴巴的员工已经达到数万名，马云说："我们不能保证每个员工都能够把客户利益放在第一位，但是我们训练的时候必须要这样。"

在阿里巴巴公司的大厅里，挂着一副别致的关系表，它的最上面是客户，然后是直接面对客户的员工，再往后才是股东、CEO、CFO 等领导人。马云认为，客户是衣食父母，他说："只有客户第一了，我们才有钱赚，因为客户是给钱的呀！"

在现代社会，想当老板乃至企业家的人比比皆是。但是，我们应该清楚一点，你的衣食父母是谁，也就是说，你的客户在哪里，你是否有客户支持你。

在商界有这样一种现象，一般来说，在数量庞大的人群中，那些业务员或者做营销出身的人，其成功的几率往往比较大。这是为什么呢？就是因为，他们的心里有着非常浓厚的客户意识，知道客户才是自己的衣食父母。

马云为什么会倡导"客户第一，员工第二，股东第三"的经营理念？原因就在于只有客户给钱，员工才能收得到钱，只有员工把钱收回来，股东才能赚到钱。然而，有些老板总喜欢别人都围着自己转，把自己放在第一位，不理会客户的利益，这是不会产生经济效益的。所以，千万别把顺序颠倒了，好的企业一定是以客户为中心、以市场为导向的。任何一个员工的背后的老板是客户，只有把客户服务好，职场才能取得成功。

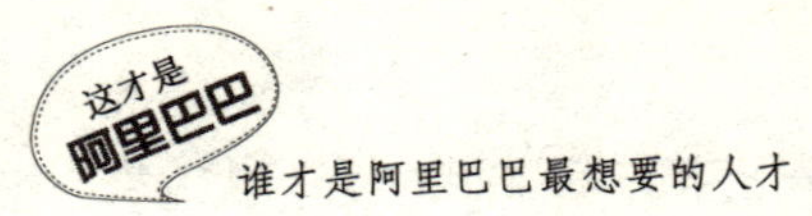

懂得为客户创造价值

很多人在做销售工作后就抱怨工作不好做。可马云却说："天下没有难做的销售。"他认为，那些人之所以会抱怨销售不好做，是因为他们只追求自己利益的最大化，没有站在客户的立场考虑问题，没有顾及客户的现实的、正当的利益。

马云说："绝大多数做生意的人，看到张三口袋里面有五块钱，看到李四口袋里面有十块钱，他就会想怎么把这个钱弄到自己的口袋里。"

他还说："一个销售员脑子里想的都是钱的时候你连写字楼都进不去，你会发现写字楼里面有很多纸条，上面都写了什么？——谢绝销售。而且销售人员绝大部分都穿得差不多，保安能够马上把你拎出去。因为你脑子里想的都是如何赚别人的钱，如果你觉得我这个产品能帮助客户成功，帮助别人成功，这个产品对别人有用，那你的自信心就会很强。"

马云认为，如果你希望成就一个伟大的企业，希望把企业做成像海尔、海信，像 GE、IBM、微软这样的公司，那么你要想的就是如何用自己的产品帮助客户将口袋里的五块钱变成四五十块，然后从多出来的钱里面拿到自己要的四五块钱。

著名的管理大师彼得 · 德鲁克曾说过："企业的目的就是创造和保护客户。"那么，如何创造和保护我们的客户呢？他解释说："为客户提供有价值的服务。"企业与客户的关系不仅仅是简单的供求关系，它是建立在长期合作基础上的荣辱与共、互惠互痛关系；是共生共赢、共同成长的伙伴关系。只有客户成长了我们的企业才能成长和发展，所以，如果你能够关注客户的成长，给客户尽可能大的回报，让客户赚更多的钱，帮助客户成功，你的企业自然就可以健康、持续地发展了。

如何做到这些，以下几点需要我们特别注意：

第一，以诚信为本，做到精益求精，生产放心的产品，让客户对我们有足够的信心。

第二，要实现为客户提供有价值的服务，企业内部就必须全员参与进来，否则就无从谈起。

第三，每一位员工都清醒地认识到“为客户提供有价值的服务”这句话的深刻含义就在于：我的这个工作机会来自于我的客户而不是企业老板，也不是我的上级，从而能够在具体的做事过程中时时刻刻想着为客户提供有价值的服务，做好本职工作。企业的销售人员要不断提高自身能力，不仅要给客户传递各种信息，教客户如何做市场，更重要的是要动手帮客户做事。这样的销售人员一定会受到客户的欢迎，也有利于拉近客户与企业的距离，提高客户的满意度。这是销售人员为客户提供有价值的服务的最佳方式。

第四，如果我们的企业不是终端供应商，那么我们要将“为客户提供有价值的服务”这一经营思想传递给我们的供应商，并且获得他们的认同。只有供应商与企业建立了良好的合作关系，提供了合格的原材料，我们才有可能为客户提供优质的产品和有价值的服务。

第五，如果我们面对的客户不是终端客户，中间要通过经销商，那么，我们就要和经销商共同为我们的终端消费者提供有价值的服务。这里，建立起完善的经销商档案是我们最基本的职责，建立起完善的消费者档案就更是体现“为客户提供有价值服务”的最有效的行为，也是为经销商提供的最直接的有价值的服务。

第六，把打击窜货与打击假冒伪劣放在同一高度来重视，加强市场的规范化管理，为经销商营造一个良好、有秩序的市场环境，这就是最好的创造和保护客户的方法，也是“为经销商提供有价值的服务”最现实的措施。

第七，凡是注重品牌营销的企业，其品牌化的产品无不遵循市场销售价格统一的原则。因此，要想做到为经销商提供有价值的服务，就必须统一我们产品的终端销售价格。

全员行动起来，将“为客户提供有价值的服务”这一经营思想真正落实到具体行动中，形成上上下下共同的行动纲领，这样的企业将无法不受人尊重，无法不健康成长，无法不持续发展。这是企业的软实力，也是企业无法被复制的真正的竞争力。这才是阿里巴巴的员工。

在参加美国知名主持人查理 · 罗斯 ((Charlie Rose) 的脱口秀节目时，马云说：“在大多数商学院里，教授们教的都是如何赚钱、如何管理企业，但是我想告诉大家的是，如果你想做优秀员工，那么首先你要提供价值、服务他人、相互帮助，这才是关键所在！”

你会赢得客户的支持吗

马云给他的员工们讲过一块布的理论的故事。他说：“我妈其实从来没有买过电器，但是她说要买海尔的空调。我说海尔要比别人贵，而且不见得它的质量就好，现在的电器都差不多，为什么一定要买海尔？她说，他们到家装空调会带一块布把这个地擦干净。”正如马云说的，服务是最昂贵的产品。就因为这一块布，顾客可以不在乎你的东西是否要比别人贵。这听起来有点不可思议，但马云却说："这块布擦的不是你们家的地板，也不是你们家的电器，而是客户的心。"

在服务上,海尔做的可谓是尽善尽美。他们的"国际星级一条龙"服务，不仅在产品设计、制造购买、上门设计、上门安装、回访、维修等各个环节都有严格的制度、规范与质量标准，甚至细致到上门服务时会先套上一副脚套，以免弄脏消费者家中的地板；安装空调时先把沙发、家具用布蒙上，服务完毕再用抹布把电器擦得干干净净；临走时还把地打扫得干干净净，并请用户在服务卡上对服务进行打分；另外，他们公司还有一个明文规定，技术人员上门服务的时候，要自带矿泉水，不能喝用户一口水，不能抽用户一支烟。海尔服务中的每一个细微之处都是"真诚"这一核心价值无言而生动的体现。马云所要学习的就是海尔这种为顾客服务的精神。

与海尔相似，肯德基快餐业也在为顾客提供一流服务上花尽了心思。当你走进肯德基的时候，给你最大欣慰的可能就是服务员的微笑了。服务员和蔼可人的微笑，可以让厨房里的员工们安心地忙碌工作，让客户就餐时如沐春风。这样，客户自然会满意服务员的态度，这也就等于对你的公司整体形象的认可。

现代人的消费观念是花钱买舒服，享受一下当"上帝"的感觉。比如，某些酒楼饮食生意不佳，不明真相的总经理总以为是自己的厨师炒的菜不合客户的胃口，或者装修不够华丽等原因。殊不知，服务员的态度才是致命伤。如果有上好的厨师、堂皇的大厅，却聘用傲慢无礼的服务员，酒楼的生意肯定不会景气；相反，如果有上佳的服务态度，即使你的饭菜不怎么合胃口，装潢也不怎么华贵，却也很难让客户拂袖而去。

优质服务在某种程度上是一个成功品牌中最重要的可持续性的差异优

势。产品是容易被竞争者仿造的，而服务则因为依靠了组织文化和员工的态度，因而很难被竞争者所模仿。超过六成以上的消费者因为服务水平低或不满意而放弃曾经选择过的品牌（商家）。但如果商家能及时处理好各类投诉，就能挽留住不少顾客。

格力电器的董明珠认为："服务水平的高低，已成为衡量一个人素质高低的权威标志之一。用户特别关心企业服务的保证能力，正规的企业必须有非常具体和完善的服务系统。"她还认为："员工的服务态度一定程度决定了用户对品牌的感觉，谁的服务态度好会很快传播，谁的服务态度不好也会很快传播……把为他人服务作为企业的宗旨，为他人服务的机会永远存在，我们就能永远赚钱，企业就能永远生存下去！"

在阿里巴巴，"客户第一"处于其价值观的顶层，其内容就是要求企业以高质量的服务来赢得客户的信赖。关于客户第一，阿里巴巴的阐述是：客户是衣食父母。无论何种状况，都要微笑面对客户，体现出我们尊重和诚意；在坚持原则的基础上，用客户喜欢的方式对待客户；为客户提供高附加值的服务，使客户资源的利用实现最优化；平衡好客户需求和公司利益之间的关系，寻求并取得双赢。

在阿里巴巴，所有的销售人员必须回杭州总部进行为期一个月的学习、训练，主要学习的不是销售技能，而是价值观、使命感。

"客户第一"是把阿里巴巴的具体业务与马云定下的远大目标联系起来的点。在公司和产品设计方面，它是一个需要贯彻的原则；而在业务层面，所有阿里巴巴的服务都将围绕着这一原则展开，因为这样的服务能增加客户的满意度。这种优势，在有竞争对手的时候，往往是客户选择阿里巴巴的重要因素。

马云说："我们那时候要用一块布赢一块钱，在所有的互联网公司都在挖空心思赚客户钱的时候，我们的想法是，反正我们赚不到钱，那就挖空心思帮助客户成功吧！这是我们当时的出发点。所以，服务的意识在2001年、2002年就已经深入地放到了阿里巴巴人的脑子里面。直到今天，我们阿里巴巴的六大价值观的第一条还是'客户第一'。"

到了2004年，阿里巴巴已经做到了国内第一，甚至是国际上的B2B领域的第一。很多人都认为阿里巴巴已经完全有能力上市了，但马云却认为阿里巴巴上市的时机还没到。他这样解释说："我们现在不急于上市，因为我们还要做得更加完善，把客户服务得更好。"

学会尊重客户的意见

如今，各个行业都在网上推出了"试用产品"，其中包括试用书店、试用软件、试用电影，等等。对此，有关人员解释道："试用是为了听客户的声音，了解客户需要什么。在网上推出这个试用产品，客户来试用，说明他们对这个产品感兴趣。"对于一个企业来说，只有推出的产品能让用户产生兴趣，才能赢得市场。

其实，对于这种试用潮，在传统营销中，我们也屡见不鲜。比如，我们常常能看到超市化妆品柜台推出试用妆；商场服装店铺推出试用装；酒店或者某个食品行业推出试吃产品，等等。商家这么做都是为了什么呢？当然是意在倾听客户的意见。一件产品上市，如果没有客户的支持，必定会被打入冷宫。因此，商家们想出各种各样的办法来让客户评价产品的好坏，从而决定是否大批量生产。

的确，倾听客户的意见，对于如今这个到处充斥着各种产品的商业市场来说，是至关重要的。

2010年，在中国（临沂）市场贸易博览会暨第六届中国（临沂）商品市场峰会上，马云曾用了一个生动的例子来形容21世纪的市场："20年前，一个姑娘到临沂商场去买衣服，营业员会说，我们这件衣服卖得特别好，昨天卖出了500件，那姑娘一定会买这件；如果现在的营业员再这样说，那么估计这姑娘会说：'谢谢，我希望临沂就这一件。'"他举的这个例子意在告诉我们：21世纪，要学会倾听客户的需求。

就互联网的发展空间，马云说："虚拟市场的兴起带来的冲击是巨大的，一种新的经营与销售模式的诞生，将迫使企业积极改变自己趋势和形势。互联网对信息、情报的敏感度远远超过过去任何一种渠道。因此临沂的中小企业，尤其是做批发生意的企业必须通过互联网迅速了解消费者，了解中央客户群体的消费需求。"他还说："以前是工厂先生产东西再寻找客户，而现在是客户需要什么东西，工厂按照需求生产。"

《赢在中国》有一位选手佟先生，1987年，他和他的朋友林先生在广东佛山市创办了一家洗衣机公司。第二年，产品一经上市便供不应求，来自全国各地的经销商在外排着长队等待下订单。到1989年年末，第二年全年的预计产量都已被订购一空。佟先生领导他的生产团队夜以继日地扩大生产。1990年，公司股票在香港证券交易所挂牌。

但好景不长，竞争对手大量涌现。为了应对激烈的竞争，公司于1997年成立研发部，聘请了清华大学博士后刘女士领导一个团队研发一款超薄型洗衣机，以保持产品竞争力。2000年1月1日，新产品按计划推出，它更小、更轻、更省水，但由于附加了干衣功能，新产品比同类产品要贵25%，经销商和零售商都不愿意销售。与此同时，公司的一个竞争对手在2000年2月推出了类似的型号，声称有改进的干衣系统，而且更便宜。

新产品滞销使公司的市场份额急剧下降。当时公司75%的产品都是由14家经销商完成的，如果有人转向竞争对手会非常危险。另一方面，和佟先生一起的林先生是销售部的负责人，他非常担心公司销售队伍的稳定，因为销售受挫，工资大幅降低，有些省级销售经理都在考虑离开。销售部的人开始埋怨研发部门，觉得研发部从来不向他们征求意见，他们认为外壳过薄使顾客不相信这款洗衣机是高质量产品。

研发部的刘女士认为，向顾客解释“薄”的好处是销售经理的责任。“薄可以节约成本，使洗衣机更轻，还可以与厚外壳一样耐用。”但林先生不支持刘女士的说法，他强调，顾客就是上帝，他们要厚的外壳，那就必须按照他们的要求做。

研发部和销售部的关系似乎已到了互不信任的地步。刘女士多次向林先生索要详尽的市场信息，但林先生却很犹豫。因为他发现，研发部的许多低层经理居然可以得到这样高度机密的文件，他甚至猜到公司新产品的某些设计已经被竞争对手偷去了。

针对这一问题，马云的点评是：其实在公司里，最核心的问题是要根据市场去制定你的产品策略，关键是要倾听客户的声音。市场打进去了，到了一定程度之后就必须倾听客户的意见。一切产品，都必须倾听客户的意见，必须搞清楚客户到底需要什么，这样我们才能确定怎么生产、如何满足客户的需求。很多企业前面的成功往往为后面埋下了更大的失败，因为他们不清楚自己为什么会成功。像赌博一样，一开始是赢了，第二次还是照原来的套路。但市场和周围的环境是变化的，而他们不了解客户和市场需求的变化。所以，成功了，要了解为什么会成功；失败了，更要搞清楚为什么会失败。

倾听客户的声音、了解客户的需求往往是一个企业成功的关键因素。如果我们留意一下身边就可以发现，产品还没有大批量上市，但针对这一产品的市场调查倒是不少。当然，一般来说，做这种市场调查的公司大抵都是一些比较成熟的企业，因为他们非常清楚，只有客户需要的东西才是企业真正要推广的产品。

帮客户站起来走路

很多人功利心太强，面对客户，首先想到的是自己怎么赚钱。眼下对自己有利的就去做，而对于无法直接为自己创造利益的事情，他们则坚决不做。殊不知，这样往往会错过最好的赚钱机会。作为世界顶级公司的人才，如果只为自己的利益考虑而无视客户的利益，客户是不会长久支持你的。没有客户的支持，你的企业自然也就谈不上赚钱或者发展了。

正如马云说的："如果做企业以赚钱为目的，肯定不会走太久。""假如所有卖家都挣不到钱，雅虎日本想挣钱，淘宝网想挣钱，那真是不可能的。只有在我们双方卖家都挣钱的情况下，我们才有可能挣钱，这是最基本的一个规矩。"

在如何争取客户方面马云自有一套。在很多人都争着做门户网站，企图赚大公司、大企业的钱时，马云却以中国85%的中小企业为客户对象，推出了B2B商务网站模式，成立了阿里巴巴。他的这一举措不仅仅是为了让自己赚钱，更是为了解决大多数中小企业的信息推广问题，当然，在这同时，赚钱也就水到渠成了。

在阿里巴巴有一项服务叫"中国供应商"服务，简单地说，"中国供应商"就是用来帮助中国中小企业走出国门，和更多国际供应商携手合作的。

阿里巴巴给“中国供应商”的普通会员提供了一个网络空间，客户可以在上面发布产品的信息以及10张产品图片，同时阿里巴巴会将其分行业收录进不同的光盘中，定期参加国外的一些展会，提供样品展示、行业手册推广、供应商光盘和买家匹配服务。

“中国供应商”的高级会员除了享受以上服务外，还能享受一项在阿里巴巴内部的信息排名服务。会员可以为公司制定8个关键词，还可以为每个产品制定3个关键词，当买家搜索这些关键词时，可优先看到其产品信息。

同时，在售后服务方面，阿里巴巴后台可以追踪其信息的反馈量。如果会员连续几个月的信息反馈量不佳，工作人员将主动联系该会员，并帮助其进行调整，修改制定方针。另外，阿里巴巴还会为会员提供一些关于外贸基本礼仪、常识等方面的服务。

为了提高客户的诚信度和盈利水平，阿里巴巴还组织了诸多培训，这些培训主要由供应商培训、百年会员培训、以商会友俱乐部和会员见面会组成。

2002年7月，淘宝网成功面市，作为卖家和买家之间的桥梁，马云在淘宝网上为客户提供了技术平台上的支持，将“淘宝大讲堂’搬到了全国各地，手把手地教卖家如何开店、如何提高浏览率、如何获取货源、如何提高网店影响力等，还召集卖家交流生意经。这一系列服务让客户既放心又舒心。

马云深知，只有帮助客户站起来走路，培养出一批高素质、能经营、会经营的卖家，才能吸引更多的买家前来淘宝。

2010年5月10日，阿里巴巴集团旗下的淘宝网与软银集团控股的雅虎日本对外宣布，它们共同架设的首个跨国中日网购平台将在6月上线。这意味着，数亿中国消费者将通过淘宝网直接购买来自日本市场的800万件本土特色网货，日本用户则将通过雅虎日本直接购买物美价廉的“中国制造”。

首个跨国中日网购平台的设立，让中小企业看到了希望：或许不必考虑在国外开展业务所必需的经营场所和雇佣员工，也不用考虑国际交易中的语言问题、结算问题及复杂的配送问题等，只要通过淘宝网或雅虎日本就能买卖。

对此，马云说：“我们一直没有停止帮助小企业‘走出去’，我们一直没有停止过在全球化时代利用互联网手段迅速了解海外市场，学习怎么跟日本企业做生意、怎么跟欧洲企业做生意。”他还表示，阿里巴巴从来不追求形式主义，“走出去”就是为了帮助淘宝卖家去卖货。

对于这个跨国平台首选日本市场的原因，马云解释说：“我们选择日本市场，是因为日本市场跟中国最为互补，中国消费者喜欢日本最新款的产品。我相信淘宝网的所有卖家能够学会服务全球最挑剔、对质量要求最高的日本消费者，因为淘宝网的卖家都很年轻。网购市场刚刚开始，眼前重要的不是先学会赚钱，而是先学会服务好客户。”

马云一直声称，做企业，是为中国创造就业机会、创造价值，为买家和卖家提供越来越便捷的交易平台，当然，这也是阿里巴巴一直以来的价值观。

在马云看来，阿里巴巴不以赚钱为目的，帮助客户站起来才是阿里巴巴的出发点，但这却让他赢得了更大的商机，也得到了赢利的最终结果。

做视客户为父母的人

今日的市场已不同于往昔，当买方市场成形之后，商人的观念也应随之变化，把为顾客着想放在首位。因为在今天，无论哪个行业，顾客才是市场的“主角”。

顾客的需求可能多种多样，但从本质上讲，他们都希望更方便地得到产品带来的价值，体验到更具人性化的服务，这一点是相同的。如果某种商品的操作难度极大，服务态度恶劣，即使它具有比同类商品更大的价值，顾客也不愿购买。所以，现在什么商品都变得越来越简单，无论是照相机还是电脑，都达到了让外行很快学会的程度；对待顾客的态度越来越好，服务也越来越完善，无论是在酒店还是宾馆，顾客几乎不用操心就可以享受到全程服务。俗话说得好，“予人方便，自己方便”，如果你让顾客更方便地得到产品的价值，自己也会更方便地赚到钱。

但是，如何给顾客带来方便呢？这需要时时关注顾客使用产品或享受服务的情况，发现其中的不便之处，并予以解决。总之，一定要用“心”做生意，把你的灵魂倾注于你的创造性工作中。如果你这样做，生意一定会越来越好。

只有真心为客户着想，企业才有利可图。以后的事实证明，马云是真正参透了这一铁律，可惜不知还有多少自以为聪明的商家把本来不怎么够用的智商全都用来算计买家，终成一锤子买卖。

客户的问题就是自己的问题，马云和他的公司有一个宗旨，就是和中

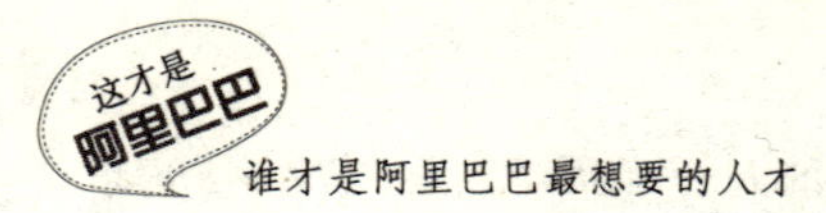

小型企业一起成长，只有客户成长了，自己才能够成长。

马云认为阿里巴巴这么多人在一起，最终是为解决会员的问题。正是那么多的会员的支持，才使得阿里巴巴有了美好的今天和未来。如果把员工放在第一的位置，很有可能引起大的波动；而把股东放在第一的位置，也很有可能会在网站上做假账。因此，马云每一次见客户的时候，都想听一听会员们的声音，从他们那里了解一段时间以来阿里巴巴会员们的情况。但是同时，马云又怕大家说没有赚到钱。而马云见股东的时候，就会特别理直气壮地说，你觉得不好，你来干呀。

早在 1999 年阿里巴巴首轮融资的时候，马云第一天就跟股东讲，投资者是阿里巴巴的娘舅，客户才是阿里巴巴的父母。为了让“父母”满意，阿里巴巴是非常尽心的。

阿里巴巴的会员都是实实在在的商人会员，商人是没有时间经常上网的，他更不会没获取一点好处而花时间注册成为一个网站的会员的。诚信社区的服务还包括协助客户解决贸易争端。比如：阿里巴巴就妥善地处理了发生在一家以色列公司与一家中国扬州公司之间的误会。这家以色列公司在阿里巴巴上面贴出来一条消息：中国扬州一家单位是欠款单位，请不要相信它等等。阿里巴巴的工作人员发现这条消息后马上同他们取得联系，告诉他们说这条消息阿里巴巴不能发，原因是希望对方通过正常的法律程序来处理。然后，阿里巴巴的工作人员又马上写 E-mail 给这家扬州公司，跟他们核实是否有人投诉他们。扬州公司马上反馈回来说，事情其实是他们跟我们买二手鞋，我们也准备好了，可是出口时给有关部门扣住了，不让出口。扬州那家公司说：“我们确实收到他们开过来的信用证，我们也说了对不起，可他们就是不理解不相信我们，阿里巴巴能不能帮我们做个解释？”然后阿里巴巴的工作人员就跟这个以色列公司做解释，经过四、五封 E-mail 通信，他们又了成为朋友，并且现在都是阿里巴巴的忠实会员。

类似事情阿里巴巴经常在做。阿里巴巴是跟市场一起成长的，他们没有认为阿里巴巴是阿里巴巴人自己做出来的，而是认为它是全球商人一起做出来的。他们只不过是形成了一个规范，做一些服务罢了。

现在阿里巴巴的网上社区，尤其是中文站点人气极旺。论坛按行业合理分类，比如：五金、矿产、农业、工业、机械等，各个行业里的问题都可以探讨。此外还有情感世界、商海沉浮、旅游天地……八方信息，穿插其间，方寸之地，满目琳琅。阿里巴巴把商界称为一个社会，网上虽是一个虚拟世界，而从中透露出的主办者的情怀却是真挚的。因此，马云觉得他们做这个事情，每天都很动情，都很投入，当然也很累。他们一天工作十五、六个小时觉得很正常，也很有意思。从无到有，从小到大，直到今天这样的规模，能为全世界商人服务，他们感到骄傲。

阿里巴巴还规定，成为阿里巴巴的客户后，必须接受培训，这是为了让他们得到更好的服务，最终达到阿里巴巴与客户共同发展的目的。他们还成立了阿里巴巴学院，培训公司干部，培训客户，公司和客户一起成长。现在每个月都有客户到阿里巴巴公司来接受培训，或者阿里巴巴组织人员到各个城市，把客户集中起来进行培训。培训内容不光是对阿里巴巴的使用，还有管理艺术、中小企业的成长等等，在这些课程上他们已经具备开办阿里巴巴学院的条件。

经过一系列极具“诱惑力”的服务举措，阿里巴巴的会员数量与日俱增，再加上背后有“娘舅”们的支持，马云的电子商务之路是越走越宽。

附录：

马云经典语录

1. 当你成功的时候，你说的所有话都是真理。

2. 我永远相信只要永不放弃，我们还是有机会的。最后，我们还是坚信一点，这世界上只要有梦想，只要不断努力，只要不断学习，不管你长得如何，不管是这样还是那样，男人的长相往往和他的才华成反比。今天很残酷，明天更残酷，后天很美好，但绝对大部分是死在明天晚上，所以每个人不要放弃今天。

3. 孙正义跟我有同一个观点：一个方案是一流的 Idea 加三流的实施；另外一个方案，一流的实施加三流的 Idea，哪个好？我们俩同时选择一流的实施，三流的 Idea。

4. 我既要扔鞭炮，又要扔炸弹。扔鞭炮是为了吸引别人的注意，迷惑敌人；扔炸弹才是我真正的目的。不过,我可不会告诉你我什么时候扔鞭炮，什么时候扔炸弹。游戏就是要虚虚实实，这样才开心。如果你在游戏中感到很痛苦，那说明你的玩法选错了。

5. 其实，有的时候人的最大问题就在于他说的都是对的。

6. 那些私下忠告我们，指出我们错误的人，才是真正的朋友。

7. 我生平最高兴的，就是我答应帮助人家去做的事，自己不仅是完成了，而且比他们要求的做得更好。当完成这些信诺时，那种兴奋的感觉是难以形容的……

8．注重自己的名声，努力工作、与人为善、遵守诺言，这样对你们的事业非常有帮助。

9．商业合作必须有三大前提：一是双方必须有可以合作的利益；二是必须有可以合作的意愿；三是双方必须有共享共荣的打算。此三者缺一不可。

10．服务是全世界最贵的产品，所以最佳的服务就是不要服务，最好的服务就是不需要服务。

11．永远不要跟别人比幸运，我从来没想过我比别人幸运，我也许比他们更有毅力，在最困难的时候，他们熬不住了，我可以多熬一秒钟、两秒钟。

12.今天到北大演讲心里特别激动。我一直把北大的学子当做我的偶像，一直考却考不进，所以我想如果有一天我一定要到北大当老师。

13．看见10只兔子，你到底抓哪一只？有些人一会儿抓这个兔子，一会儿抓那个兔子，最后可能一只也抓不住。CEO的主要任务不是寻找机会而是对机会说NO。机会太多，只能抓一个。我只能抓一只兔子，抓多了，什么都会丢掉。

14．我们公司是每半年一次评估，评下来，虽然你的工作很努力，也很出色，但你就是最后一个，非常对不起，你就得离开。

15．我们与竞争对手最大的区别就是我们知道他们要做什么，而他们不知道我们想做什么。我们想做什么，没有必要让所有人知道。

16．网络上面就一句话，“光脚的永远不怕穿鞋的。”

17．中国电子商务的人必须要站起来走路，而不是老是手拉手，老是手拉着手就要完蛋。我是说阿里巴巴发现了金矿，那我们绝对不自己去挖，

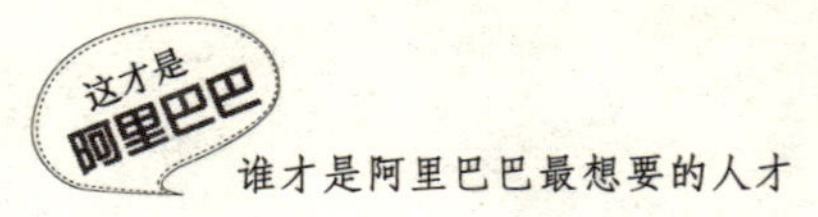

我们希望别人去挖，他挖了金矿给我一块就可以了。

18．我深信不疑我们的模式是会赚钱的，亚马逊是世界上最长的河，8848是世界上最高的山，阿里巴巴是世界上最富有的宝藏。一个好的企业靠输血是活不久的，关键是自己造血。

19．我为什么能活下来？第一是由于我没有钱，第二是我对INTERNET一点不懂，第三是我想得像傻瓜一样。

20．发令枪一响，你是没时间看你的对手是怎么跑的。只有明天是我们的竞争对手。

21．如果早起的那只鸟没有吃到虫子，那就会被别的鸟吃掉。

22．听说过捕龙虾富的，没听说过捕鲸富的。

23．好的东西往往都是很难描述的。

24．在我看来有三种人，生意人：创造钱；商人：有所为，有所不为；企业家；为社会承担责任。企业家应该为社会创造环境。企业家必须要有创新的精神。

25．一个公司在两种情况下最容易犯错误，第一是有太多的钱的时候，第二是面对太多的机会的时候。一个CEO看到的不应该是机会，因为机会无处不在；一个CEO更应该看到灾难，并把灾难扼杀在摇篮里。

马云离职演讲

2013年5月10日，阿里巴巴董事局马云在杭州举办的“淘宝十周年”大型晚会上发表演说，正式卸任阿里巴巴CEO一职。马云称，卸任后将把生活当作工作，商业将成为“票友”，以后将从事自己感兴趣的教育和环保事业。

以下为马云演讲全文：

大家好，谢谢各位，谢谢大家，从全国各地，从美国、英国、印度来的同事，感谢大家来到杭州，感谢大家参加淘宝的十周年。今天是一个非常特别的日子，但是对我来讲，我期待这一天很多年了。我最近一直在想，在这个会上跟所有的同事、朋友、网商，所有的合作伙伴，我应该说些什么。

但也很奇怪，就像姑娘盼着结婚，新娘子到了结婚这一天，除了会傻笑，不知道该干什么了。我们是非常幸运的人，十年前的今天是SARS（非典）在中国最危险的时候，所有人都没有信心。但是阿里的年轻人，我们相信十年以后的中国会更好，十年以后电子商务会在中国受更多人的关注，很多人会用。但我真没想到，十年以后我们变成了今天这个样子。

这十年无数的人付出巨大的代价，为了理想、为了坚持，走了十年。我一直在想，即使把现在阿里巴巴集团99%的东西拿掉，我们还是值得，今生无悔，更何况我们今天有了那么多朋友，那么多相信的人，那么多坚持的人。

是什么东西让我们有了今天？是什么让马云有了今天？我是没有理由成功的，阿里没有理由成功，淘宝更没有理由成功。但是我们今天居然走了这么多年，依然对未来充满理想，其实我在想是一种信任。

当所有人不相信这个世界，所有人不相信未来的时候，我们选择了相信，我们选择了信任，我们选择十年以后的中国会更好；我们选择相信，我同事会做得比我更好，我相信中国的年轻人会做得比我们更好。

二十年以前也好，十年以前也好，我从没想过，我连自己都不一定相信自己。我特别感谢我的同事信任我，当CEO很难，但是当CEO员工更难。但现在，居然你会从一个你都没听见过的名字叫“闻香识女人”这里，付钱给她，买一个你从来没有见过的东西，经过上千上百公里，通过一个你不认识的人到了你手上。

今天的中国拥有信任，拥有相信，每天2400万笔淘宝的交易，意味着在中国有2400万个信任在流转着。在座所有的阿里人，淘宝、小微金服的人，我特别为大家骄傲，今生跟大家做同事，下辈子我们还是同事。因为你们，让这个时代看到了希望，在座的你们就像中国所有八零后、九零后那样，你们在建立着新的信任，这种信任就让世界更开放、更透明、更懂得分享、更承担责任，我为你们感到骄傲。

今天的世界是一个变化的世界，三十年以前我们谁都没想到今天会这样，谁都没想到中国会成为制造业大国，谁都没想到电脑会深入人心，谁都没想到互联网在中国发展得那么好，谁都没有想到淘宝会起来，谁都没想到netscape会倒下，谁都没想到雅虎会有今天。

这是一个变化的世界，我们谁都没想到我们今天可以聚在这里，可以继续畅想未来。我跟大家都认为电脑够快，互联网还要快，很多人还没搞清楚什么是PC互联网，移动互联来了，我们还没搞清楚移动互联的时候，大数据时代又来了。

十年以前我们看到无数个伟大的公司，我们曾经也迷茫过，我们还有机会吗？但是十年坚持、执着，我们走到了今天。假如不是一个变化的时代，在座所有年轻人轮不到你们，工业时代是论资排辈的。

就是因为我们把握住了所有的变化，我们才看到未来。未来三十年，这个世界、这个中国将会有更多的变化，这个变化对每一个人是一个机会，抓住这次机会！我们很多人埋怨昨天，三十年以前的问题。中国发展到今天，谁都没有经验，世界发展到今天，谁都没有经验。我们没有办法改变昨天，但是三十年以后的今天是我们今天这帮人决定的，改变自己，从点滴做起，坚持十年，这是每个人的梦想。

我感谢这个变化的时代，我感谢无数人的抱怨，因为在别人抱怨的时候，才会有机会，只有变化的时代，才是每个人看清自己有什么、要什么、该放弃什么的时候。

参与阿里巴巴的建设十四年，我荣幸。我是一个商人，今天人类已经进入了商业社会，但是很遗憾，这个世界商人没有得到他们应该得到的尊重，商人在这个时代已经不是唯利是图的一种时代。我想我们跟任何一个职业、任何一个艺术家、教育家、政治家一样，我们在尽自己最大的努力，去完善这个社会。

十四年的从商，让我懂得了人生，让我懂得了什么是艰苦，什么是坚持，什么是责任，什么是别人成功了，才是自己的成功。我们最期待的是员工的微笑。

从今天晚上十二点以后，我将不是 CEO，从明天开始，商业就是我的票友，我为自己从商十四年深感骄傲。看到你们，看到中国的年轻人，我不希望有一天我们这些人再来一个“致我们失去的中年”。这世界谁也没有把握你能红五年，谁也没有可能说你会不败，你会不老，你会不糊涂。解决你不败、不老、不糊涂的唯一办法，相信年轻人，因为相信他们，就是相信未来。

所以我将不会再回到阿里巴巴做CEO，要回我也回不来，因为我回来也没有用，你们会做得更好。做公司到这个规模，小小的自尊我很骄傲，但是对社会的贡献，我们这个公司才刚刚开始，所有的阿里人我们都很兴奋，很勤奋、很努力，但我们很平凡。认真生活、快乐工作，我们今天得到的远远超过了我们的付出，这个社会在这个世纪希望这家公司走远走久，那就是去解决社会的问题。今天社会上有那么多问题，这些问题就是在座的机会，如果没有问题，就不需要在座。

阿里人坚持为小企业服务，因为小企业是中国梦想最多的地方，十四年前我们提出了“让天下没有难做的生意”，帮助小企业成长。今天这个使命落到了你们身上，我还想再为小企业讲，有人说电子商务、互联网制造了不公平，但是我的理解，互联网真正制造了公平，请问全国各省、各市、各地区有哪个地方为小企业、初创企业提供税收优惠？互联网给了小企业这个机会，有些企业三五年内享受了五六个亿的用户，他们呼唤跟小企业共同追求平等，小企业需要的就是500块钱的税收优惠。请所有阿里人支持他们，他们一定会成为中国将来最大的纳税者。

感谢各位，我将会从事一些自己感兴趣的事，教育、环保。刚才那首歌《Heal The World》，这世界很多事我们做不了，这世界奥巴马就一个，但是太多的人把自己当奥巴马看，这世界每个人做好自己那一份工作，做好自己感兴趣的那份工作已经很了不起！我们一起努力，除了工作以外，完善中国的环境，让水清澈、让天空湛蓝、让粮食安全，拜托大家。

我特别荣幸介绍阿里未来的团队，他们和我一起工作了很多年，他们比我更了解自己。陆兆禧工作了 13 年，在阿里巴巴内部经历了很多岗位，经历了很多磨难，应该讲 13 年，眼泪和欢笑是一样的多，接马云这个位置是非常难的。我能走到今天是大家的信任，因为信任，所以简单。

我相信，我也恳请所有的人像支持我一样，支持新的团队、支持陆兆禧，像信任我一样信任新团队、信任陆兆禧。谢谢大家！明天开始，我将有我自己新的生活。我是幸运的，在我 48 岁，我就可以离开我的工作，在座每个人你们也会“48 岁之前工作是我的生活，明天开始，生活将是我的工作”。